Bibliothek des Radio-Amateurs 8. Band
Herausgegeben von **Dr. Eugen Nesper**

Nomographische Tafeln
für den Gebrauch in der Radiotechnik

Von

Dr. Ludwig Bergmann

Zweite, vermehrte Auflage

Mit 53 Textabbildungen
und 2 Tafeln

Berlin
Verlag von Julius Springer
1926

ISBN-13: 978-3-642-98829-5   e-ISBN-13: 978-3-642-99644-3
DOI: 10.1007/978-3-642-99644-3

Zur Einführung
der Bibliothek des Radioamateurs.

Schon vor der Radioamateurbewegung hat es technische und sportliche Bestrebungen gegeben, die schnell in breite Volksschichten eindrangen; sie alle übertrifft heute bereits an Umfang und an Intensität die Beschäftigung mit der Radiotelephonie.

Die Gründe hierfur sind mannigfaltig. Andere technische Betätigungen erfordern nicht unerhebliche Voraussetzungen. Wer z. B. eine kleine Dampfmaschine selbst bauen will — was vor zwanzig Jahren eine Lieblingsbeschäftigung technisch begabter Schüler war — benötigt einerseits viele Werkzeuge und Einrichtungen, muß andererseits aber auch ein guter Mechaniker sein, um eine brauchbare Maschine zu erhalten. Auch der Bau von Funkeninduktoren oder Elektrisiermaschinen, gleichfalls eine Lieblingsbetätigung in früheren Jahrzehnten, erfordert manche Fabrikationseinrichtung und entsprechende Geschicklichkeit.

Die meisten dieser Schwierigkeiten entfallen bei der Beschäftigung mit einfachen Versuchen der Radiotelephonie. Schon mit manchem in jedem Haushalt vorhandenen Altgegenstand lassen sich ohne besondere Geschicklichkeit Empfangsresultate erzielen. Der Bau eines Kristalldetektorempfängers ist weder schwierig noch teuer, und bereits mit ihm erreicht man ein Ergebnis, das auf jeden Laien, der seine ersten radiotelephonischen Versuche unternimmt, gleichmäßig überwältigend wirkt: Fast frei von irdischen Entfernungen, ist er in der Lage, aus dem Raum heraus Energie in Form von Signalen, von Musik, Gesang usw. aufzunehmen.

Kaum einer, der so mit einfachen Hilfsmitteln angefangen hat, wird von der Beschäftigung mit der Radiotelephonie loskommen. Er wird versuchen, seine Kenntnisse und seine Apparatur zu verbessern, er wird immer bessere und hochwertigere Schaltungen ausprobieren, um immer vollkommener die aus dem Raum kommenden Wellen aufzunehmen und damit den Raum zu beherrschen.

Diese neuen Freunde der Technik, die „Radioamateure", haben in den meisten großzügig organisierten Ländern die Unterstützung weitvorausschauender Politiker und Staatsmänner gefunden unter dem Eindruck des universellen Gedankens, den das Wort „Radio" in allen Ländern auslöst. In anderen Ländern hat man den Radioamateur geduldet, in ganz wenigen ist er zunächst als staatsgefährlich bekämpft worden. Aber auch in diesen Ländern ist bereits abzusehen, daß er in seinen Arbeiten künftighin nicht beschränkt werden darf.

Wenn man auf der einen Seite dem Radioamateur das Recht seiner Existenz erteilt, so muß naturgemäß andererseits von ihm verlangt werden, daß er die staatliche Ordnung nicht gefährdet.

Der Radio-Amateur muß technisch und physikalisch die Materie beherrschen, muß also weitgehendst in das Verständnis von Theorie und Praxis eindringen.

Hier setzt nun neben der schon bestehenden und täglich neu aufschießenden, in ihrem Wert recht verschiedenen Buch- und Broschurenliteratur die „Bibliothek des Radioamateurs" ein. In knappen, zwanglosen und billigen Bändchen wird sie allmählich alle Spezialgebiete, die den Radioamateur angehen, von hervorragenden Fachleuten behandeln lassen. Die Koppelung der Bändchen untereinander ist extrem lose: jedes kann ohne die anderen bezogen werden, und jedes ist ohne die anderen verständlich.

Die Vorteile dieses Verfahrens liegen nach diesen Ausführungen klar zutage: Billigkeit und die Möglichkeit, die Bibliothek jederzeit auf dem Stande der Erkenntnis und Technik zu erhalten. In universeller gehaltenen Bändchen werden eingehend die theoretischen Fragen geklärt.

Kaum je zuvor haben Interessenten einen solchen Anteil an literarischen Dingen genommen, wie bei der Radioamateurbewegung. Alles, was über das Radioamateurwesen veröffentlicht wird, erfährt eine scharfe Kritik. Diese kann uns nur erwünscht sein, da wir lediglich das Bestreben haben, die Kenntnis der Radiodinge breiten Volksschichten zu vermitteln. Wir bitten daher um strenge Durchsicht und Mitteilung aller Fehler und Wünsche.

Dr. **Eugen Nesper.**

Vorwort zur ersten Auflage.

Wie in jedem anderen Gebiete der Technik und Physik ist auch in der Radiotechnik der Gebrauch mathematischer Formeln zur Errechnung irgendwelcher Größen unerläßlich. Zwei Wege sind zur Lösung dieser Formeln möglich. Entweder rechnet man sie zahlenmäßig aus, was oft recht schwierig und zeitraubend ist und die Kenntnis verschiedener Rechnungsarten erfordert, oder man bestimmt das Resultat aus fertigen Tabellen bzw. aus graphischen Darstellungen, den sogenannten nomographischen Tafeln. Obwohl dieses letztere Verfahren das bei weitem bequemere und vor allem übersichtlichere ist, hat es doch noch sehr wenig Eingang besonders in die drahtlose Technik gefunden. Dies liegt wohl in der Hauptsache daran, daß vielfach die verhältnismäßig einfache Art der Herstellung solcher Tafeln unbekannt ist.

Ich begrüßte daher sehr die Aufforderung des Herausgebers der Bibliothek, Dr. E. Nesper, für diese Sammlung ein Bändchen über nomographische Tafeln für den Gebrauch in der Radiotechnik zu schreiben. In dem Bändchen habe ich die bisher in der Literatur erschienenen, für die Zwecke der Radiotechnik brauchbaren, nomographischen Tafeln zusammengestellt, sowie eine große Anzahl von Tafeln neu gezeichnet.

Fast alle Tafeln können in der vorliegenden Form vom Leser ohne weiteres zu Berechnungen verwandt werden. Dem etwas mehr mathematisch geschulten Amateur soll das Buch aber auch zeigen, wie die Tafeln entstanden sind, und soll ihm die Wege weisen, wie er sich alle möglichen Nomogramme für seine Berechnungen selbst entwerfen kann. Vorausgesetzt werden nur die Grundrechnungsarten sowie das Rechnen mit Logarithmen.

Der Verlagsbuchhandlung Julius Springer bin ich für das große Entgegenkommen bei der Drucklegung des Buches sehr zu Dank verpflichtet.

Charlottenburg, im November 1924.

Dr. Ludwig Bergmann.

Vorwort zur zweiten Auflage.

Die Einteilung und die Behandlung des Stoffes sind bei der zweiten Auflage im wesentlichen unverändert geblieben. Ich möchte noch erwähnen, daß ich mich bei der Einteilung des Buches und bei der Einleitung zu den einzelnen Kapiteln des öfteren an das Buch von Luckey: „Einführung in die Nomographie", Verlag Teubner, angelehnt habe. Zur weiteren Ergänzung wurden die Nomogramme auf Seite 36, 62 und 66 neu aufgenommen.

Marburg, im September 1925.

Dr. Ludwig Bergmann.

Inhaltsverzeichnis.

1. Einleitung.

Bei der Beschäftigung mit Radiotechnik wird gar häufig auch dem Amateur die rechnerische Behandlung irgendwelcher Probleme entgegentreten, sei es daß er beim Zusammenbau einer Apparatur aus den Daten der Einzelteile bereits auf eine Größe schließen will, die sich später beim Zusammenarbeiten aller Einzelteile ergeben soll, sei es daß er umgekehrt die Maße der Teilapparaturen für einen bestimmten Zweck errechnen will Sehr oft sind diese Berechnungen natürlich ganz einfacher Art und mit einigen Multiplikationen und Divisionen gelangt man zum Resultat. Vielfach aber sind gerade in der Radiotechnik die Formeln, nach denen man zu rechnen hat, von einer etwas komplizierteren Form, und ist ihre Lösung, besonders wenn man sie des öfteren auszuführen hat, wie das gerade beim Suchen oder Bestimmen der richtigen Größe von Einzelteilen vorkommt, recht zeitraubend und umständlich. Hier sollen die nomographischen Tafeln helfend eingreifen, indem sie es ermöglichen, nur unter Zuhilfenahme eines Lineals das gesuchte Resultat abzulesen.

Es sei gleich an dieser Stelle ein einfaches Beispiel gebracht, das uns die Bequemlichkeit des nomographischen Verfahrens vor Augen führen soll. Nehmen wir einmal an, wir wollten einen elektrischen Schwingungskreis zusammenstellen aus einer Kapazität $C = 6050$ cm und einer Selbstinduktion $L = 7000$ cm und wollten uns von vornherein klar sein über die Eigenfrequenz des Kreises bzw. über die Wellenlänge λ, auf die er bei der Wahl obiger Konstanten abgestimmt ist. Wir können zu diesem Zweck aus der bekannten Thomsonschen Schwingungsgleichung uns die gesuchten Werte ausrechnen. Es ist ja

$$\lambda_{cm} = 2\pi\sqrt{L_{cm}\,C_{cm}} \qquad \text{und} \qquad \nu = \frac{3\cdot 10^{10}}{2\pi\sqrt{L_{cm}\cdot C_{cm}}}.$$

Setzen wir die gegebenen Werte für L und C ein, so ergibt sich:

$$\lambda = 2\cdot 3{,}14\sqrt{7000\cdot 6050} = 408{,}9 \text{ m} \qquad \nu = 733\,700\,.$$

Diese Ausrechnung beansprucht immerhin einige Zeit. Betrachten wir aber jetzt einmal das in Abb. 1 für diesen Fall gezeichnete Nomogramm. Um zu der Selbstinduktion $L = 7000$ cm

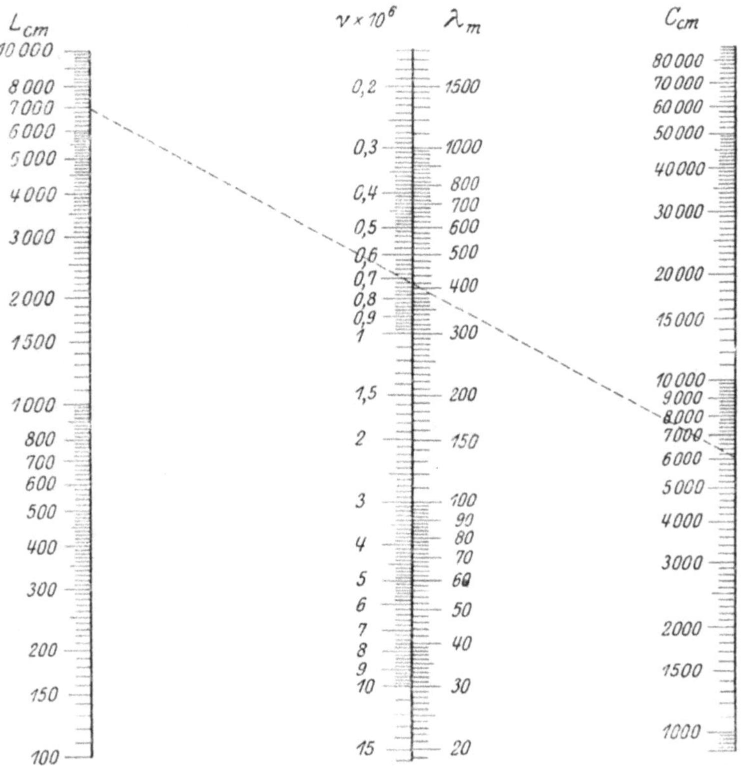

Abb. 1. Zusammenhang zwischen Frequenz v, Wellenlänge λ_m in Metern, Selbstinduktion L_{cm} in Zentimetern und Kapazität C_{cm} in Zentimetern[1])

$$\lambda_m = \frac{3 \cdot 10^8}{v} = \frac{2\pi}{100} \sqrt{L_{cm} \cdot C_{cm}}$$

und der Kapazität $C = 6050$ cm die zugehörige Wellenlänge zu finden, hat man nur den Punkt 7000 auf der linken Skala, auf der die Werte der Selbstinduktion aufgetragen sind, mit dem Punkt 6050 auf der rechten Skala, die die Werte der Kapazität enthält, etwa mittels eines Lineals zu verbinden.

---

[1]) Zuerst wohl von Luckey (Jahrbuch f. drahtl. Telegraphie 12 [1917], S. 516) in dieser Form angegeben.

Diese Verbindungslinie trifft die mittlere Skala an einem Punkte, an dem wir jetzt ohne weiteres die Wellenlänge bzw. die Frequenz ablesen können, die den gegebenen Werten von L und C entspricht; wir finden in unserem Falle:

$$\lambda = 410 \text{ m} \qquad \text{und} \qquad \nu = 730\,000.$$

Wie ohne weiteres ersichtlich ist, kann man dasselbe Nomogramm auch dazu verwenden, um z. B. zu einer gegebenen Wellenlänge und einer gegebenen Selbstinduktion die entsprechende Kapazität zu suchen bzw. umgekehrt. Alles dies geht an Hand eines solchen Nomogrammes sehr schnell und bequem. Nun hat man der Nomographie vielfach den Vorwurf gemacht, daß die mit ihrer Hilfe gewonnenen Resultate nicht genau seien, da man ja auf einer Skala die Werte sehr oft nur abschätzen kann. Dies ist natürlich insofern richtig, als man nomographische Tafeln nicht zum genauen Ausrechnen mathematischer Formeln benutzen kann. Für die Praktiker aber, und zu diesen gehört ja auch der Radioamateur, wird es immer genügen, wenn er einen hinreichend genauen Annäherungswert erhält, abgesehen davon, daß man selbstverständlich auch die Genauigkeit nomographischer Tafeln sehr weit treiben kann, wenn man sich nur hinreichend große und gute Tafeln herstellt.

In dem oben angeführten Beispiel wäre es vom physikalischen Standpunkt geradezu falsch, wenn wir aus den Daten, die uns für L und C gegeben sind, die Wellenlänge zu 408,9 m berechnen würden, denn die Wellenlänge, auf die der Kreis beim Zusammenschalten mit der Kapazität von 6050 cm und der Selbstinduktion von 7000 cm abgestimmt ist, ist sicher eine etwas andere, da ja erstens in der Formel die Werte für Selbstinduktion und Kapazität der Verbindungsdrähte, die ja noch bei der Zusammenschaltung hinzukommen, nicht berücksichtigt sind, und zweitens in sehr vielen Fällen die gegebenen Werte für die Selbstinduktion und die Kapazität auch nur mit einer beschränkten Genauigkeit gelten. Wir können also ruhig in der Praxis uns der nomographischen Tafeln bedienen. Man erreicht mit gut ausgeführten Tafeln annähernd dieselbe Genauigkeit, wie sie etwa dreistellige Logarithmen liefern. Zusammenfassend können wir kurz sagen, die Nomographie soll uns für komplizierte Rechenformeln (Gleichungen), in denen die Beziehung zwischen mehreren Einzelgrößen ausgedrückt ist, einfache Zeichnungen liefern, mit deren Hilfe wir ohne besonders umständliche Rechenverfahren auf rein mechanischem Wege die in Betracht kommenden Zahlenlösungen mit hinreichender Genauigkeit ausführen können.

In dem vorliegenden Bändchen sollen die verschiedenen Arten von nomographischen Tafeln behandelt werden, mit besonderer Berücksichtigung derjenigen, die ihre Hauptanwendung in der Radiotechnik finden, und es soll gezeigt werden, wie man in einfacher Weise solche Nomogramme sich für den praktischen Gebrauch herstellt. Dazu soll aber an dieser Stelle gleich erwähnt werden, daß sich die Nomographie nicht durch ein einmaliges Lesen dieses Bändchens erlernen läßt. Auch die richtige Anwendung nomographischer Tafeln und besonders ihre geschickte Herstellung erfordert immerhin einige Übung, die man sich aber mit der Zeit leicht angewöhnen kann, wenn man immer wieder bei vorkommenden Fällen zu vorhandenen Tafeln greift und die zeitraubende Zahlenrechnung vermeidet.

2. Die Funktionsleiter und die Doppelleiter für die Darstellung der Funktion einer Veränderlichen.

Jede Zahl läßt sich geometrisch oder graphisch darstellen durch eine Strecke, deren Länge so viele Einheiten beträgt, wie die Zahl angibt. Dabei läßt sich auch das Vorzeichen der Zahl berücksichtigen, wenn man eine bestimmte Richtung der Strecke mit positiv bezeichnet. Geht man also in positiver Richtung von einem Anfangspunkte (Nullpunkt) auf einer Strecke fort, so kommt man zu den positiven Zahlen, in entgegengesetzter Richtung dagegen zu den negativen. Als Einheit kann man jede beliebige Strecke wählen, doch ist es angebracht, möglichst das metrische Maßsystem (mm, cm, dm) zu benutzen. In Abb. 2 ist auf einer Geraden von einem mit Null bezeichneten Anfangspunkte 100 mal die Einheit von 1 mm abgetragen worden und die Teilstriche sind entsprechend beziffert. Dadurch ist eine sog. gleichförmige Funktionsskala oder Funktionsleiter entstanden. Die Gerade selbst nennt man den Träger der Skala oder Teilung. Der Ausdruck Funktionsleiter bedeutet, daß die vom Anfangspunkt an gemessenen Strecken eine Funktion

der Zahlen sind, die an den Endpunkten der betreffenden
Strecken angeschrieben sind. Eine solche funktionale Beziehung,
kurz Funktion genannt, wird mathematisch durch eine Gleichung
ausgedrückt von der Form

$$x = f(\alpha)$$

d. h. x ist eine Funktion von α. α nennt man die
unabhängige, x die abhängige Veränderliche. Erteilt
man nämlich α verschiedene Werte, so nimmt entsprechend der gegebenen Funktion x zwangsläufig
entsprechende Werte an. Im folgenden wollen wir
mit den griechischen Buchstaben α, β, γ immer die
Bezifferung einer Funktionsleiter benennen, mit den
lateinischen Buchstaben x, y, z dagegen stets die
Längen der Strecken auf der Leiter vom Anfangspunkt bis zu der betreffenden Ziffer, gemessen mit
einem gewöhnlichen Maßstab und mit dessen Längeneinheit z. B. mm bezeichnet. So lautet jetzt die
Gleichung der oben in Abb. 2 gezeichneten gleichförmigen Leiter

$$x = 1 \text{ mm} \, \alpha,$$

denn wie man leicht feststellt, steht an dem Endpunkt der Strecke $x = 10$ mm die Ziffer 10, an dem
Endpunkt der Strecke $x = 30$ mm die Ziffer 30.

Ganz allgemein lautet die Gleichung einer Funktionsleiter

$$x = l \cdot f(\alpha).$$

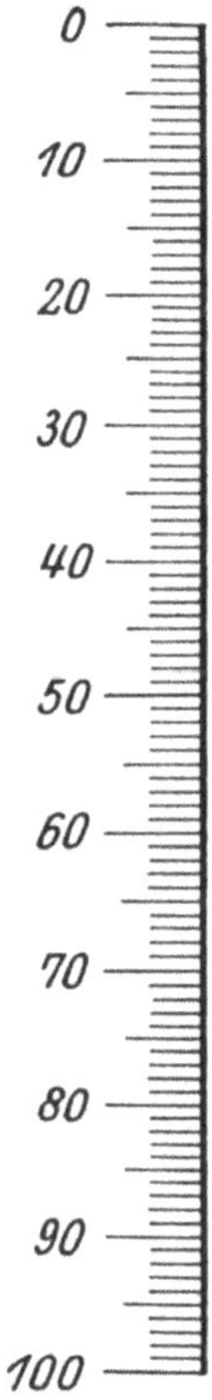

Der Faktor l, der hier noch hinzukommt, gibt die
Längeneinheit der Skala an, d. h. die Länge der
Strecke $x = 1$, also in diesem Falle der Strecke
vom Punkte $\alpha = 0$ bis zum Punkte $\alpha = 1$, und zwar
muß dabei immer noch angegeben werden, mit welcher
Längeneinheit wir messen. So ist bei der Funktionsleiter Abb. 2
$l = 1$ mm. Würden wir $l = 2$ mm wählen, so würde die Leiter
doppelt so lang werden, ihre Gleichung würde lauten:

$$x = 2 \text{ mm} \, \alpha.$$

Betrachten wir jetzt einmal die Funktion

$$x = \alpha^2.$$

Abb. 2.
Gleichför-
mige Tei-
lung.

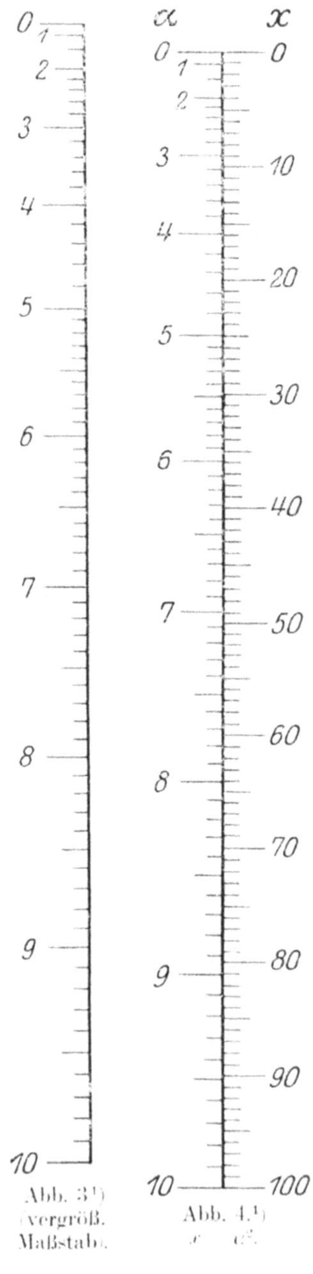

Abb. 3.[1)
(vergröß.
Maßstab.

Lassen wir hier α die Werte von 0 bis 10 durchlaufen, so durchläuft x die Werte von 0 bis 100, wie dies nebenstehende Zahlentafel angibt. Zeichnen wir nun die Funktionsleiter, die durch die Gleichung

$$x = l\,\alpha^2$$

dargestellt ist, wobei wir wieder $l = 1$ mm wählen wollen, so bekommen wir eine Skala, wie sie in Abb. 3 dargestellt ist.

α	x
0	0
1	1
2	4
3	9
4	16
5	25
6	36
7	49
8	64
9	81
10	100

An die vom Endpunkte der vom Nullpunkt aus gemessenen Strecken x, also an die Endpunkte der Strecken 1, 4, 9, 16 usw., sind nicht die Zahlen 1, 4, 9, 16 usw. geschrieben, sondern die entsprechenden Werte α, von denen die x Werte die Quadrate sind. Wir haben es hier mit einer ungleichförmigen Funktionsleiter zu tun, denn der Abstand zwischen zwei Werten, deren Differenz etwa eins ist, nimmt mit größer werdenden Zahlen zu. Die an die Teilstriche angeschriebenen Zahlen sind die aus obiger Tabelle entnommenen Werte für die unabhängige Veränderliche (α); die Werte der abhängigen Veränderlichen (x) sind nicht durch Zahlen, sondern durch die Längen der Strecken dargestellt, die stets

---

[1)] In dieser Form bereits von Luckey angegeben.

vom Nullpunkt bis zu dem Teilstrich zu messen sind, der die betreffende Zahl für die unabhängige Veränderliche trägt.

Was können wir nun mit einer solchen Funktionsleiter praktisch anfangen? Legen wir einmal die in Abb. 2 gezeichnete gleichförmige Leiter so an die in Abb. 3 dargestellte Leiter an, daß ihre Nullpunkte zusammenfallen[1]). Dann bekommen wir eine sog. Doppelleiter, wie sie in Abb. 4 abgebildet ist. Diese Leiter ermöglicht es uns, zu jedem beliebigen Werte α den zugehörigen Funktionswert $x = \alpha^2$ abzulesen. Z. B. findet man für $\alpha = 3$ den Wert $x = 9$ und für $\alpha = 7,5$ den Wert $x = 56,4$. Durch Rechnung ergibt sich für $7,5^2$ der Wert $56,25$. Man sieht also, daß man mit einer ziemlichen Genauigkeit an dieser Doppelleiter zu jeder Zahl zwischen 0 und 10 die zugehörige Quadratzahl ablesen kann. Umgekehrt kann man aber mit Hilfe derselben Doppelleiter auch Quadratwurzeln ausziehen, indem man dazu auf der rechten Leiter die gegebene Zahl aufsucht und dann an der linken Leiter den zugehörigen Wert der Quadratwurzel abliest. So findet man z. B. zu $x = 44,6$ als zugehörige Quadratwurzel den Wert $\alpha = 6,68$, was recht gut stimmt.

Es sieht zunächst so aus, als ob die Doppelleiter der Abb. 4 nur für einen ganz bestimmten Zahlenbereich, nämlich für $\alpha = 0$ bis $\alpha = 10$ bzw. $x = 0$ bis $x = 100$, zu verwenden wäre. Es läßt sich aber trotzdem mit dieser Leiter jede Aufgabe des Quadrierens und Quadratwurzelausziehens lösen. Multipliziert man nämlich die Werte der linken Leiter mit einer beliebigen Zahl, so hat man die Werte der rechten Leiter mit dem Quadrat dieser Zahl zu multiplizieren, damit die ursprüngliche funktionale Abhängigkeit bestehen bleibt. In der Praxis wird man hierfür natürlich die Zahl 10 und deren positive und negative Potenzen wählen. Hat man z. B. $\sqrt{44,6} = 6,68$ gefunden, so ist damit auch $\sqrt{4460} = 66,8$ oder $\sqrt{10,446} = 0,668$ gefunden usw.

Außer dem hier zum allgemeinen Verständnis etwas ausführlicher behandelten Beispiel der Doppelleiter für die Funktion $\alpha = x^2$, lassen sich solche Doppelleitern für alle möglichen

---

[1]) Hierbei müssen natürlich beide Leitern in gleichem Maßstab gezeichnet sein.

anderen Gleichungen darstellen, wie z. B. für $x = \alpha^3$ oder, um einige praktische Fälle anzuführen, für die Abhängigkeit der Wellenlänge λ von der Frequenz ν in der drahtlosen Telegraphie, die gegeben ist durch die Beziehung

$$\lambda_{cm} = \frac{3 \cdot 10^{10}}{\nu}$$

oder für die Beziehung zwischen der Kreisfrequenz ω und der Frequenz ν, gegeben durch die Gleichung

$$\omega = 2\,\pi\,\nu\,.$$

Auf diese beiden Fälle kommen wir später noch ausführlich zurück. Bei der Herstellung der Skalen kann man sich mit großem Nutzen des im Handel befindlichen Millimeterpapiers bedienen, das einem die Anfertigung der Teilung wesentlich erleichtert.

3. Die logarithmische Funktionsleiter und ihre Anwendung.

Wenn wir noch einmal die in Abb. 4 gezeichnete Leiter für die Funktion $x = \alpha^2$ betrachten, so sehen wir, daß für kleine Werte von α die Abstände der Teilstriche voneinander sehr klein ausfallen und folglich in diesem Teil der Leiter die Ablesegenauigkeit sehr gering wird.

Dieser Übelstand ließe sich nur vermeiden, wenn man die Leiter für diesen betreffenden Teil in stark vergrößertem Maßstabe zeichnen würde. Hierdurch würde aber das nomographische Verfahren sehr erschwert, denn wir müßten schließlich jeden Leiterteil in einem anderen Maßstab zeichnen um überall die gleiche Genauigkeit in der Ablesung zu erhalten. Wir hatten bisher die Leiter für die x Werte (z. B. in Abb. 4) als gleichmäßig geteilte Leiter ausgeführt, d. h. je zwei um einen bestimmten Betrag verschiedene Zahlen hatten auf der Leiter den gleichen Abstand.

Wir wollen nun einmal eine Leiter zeichnen, auf der wir eine logarithmische Teilung benutzen, d. h. wir tragen vom Anfangspunkt der Leiter nicht mehr die Strecken 1, 2, 3 usw. ab, sondern die Strecken, die gleich dem Logarithmus dieser Zahlen sind.

Auf den Logarithmus selbst und die logarithmische Rechnung kann an dieser Stelle nicht näher eingegangen werden; das Rechnen mit Logarithmen muß als bekannt vorausgesetzt werden. Bezeichnen wir wie üblich mit α die unabhängige Veränderliche, mit x die abhängige, so lautet die Gleichung der logarithmischen Funktion

$$x = \log \alpha,$$

d. h. durchläuft α die Zahlenwerte 1, 2, 3, 4 ..., so ergeben sich für x die Logarithmen dieser Werte, wie wir sie beispielsweise aus einer Logarithmentafel entnehmen können. Wir wollen uns zunächst eine Teilung nach dieser Funktion herstellen und zwar für den Bereich von $\alpha = 0$ bis $\alpha = 10$. Aus einer Logarithmentafel (es werden im folgenden nur die bekannten Briggsschen Logarithmen benutzt) entnehmen wir, daß $\log 1 = 0$ und $\log 10 = 1$ ist. Es ist also die Längeneinheit unserer Leiter gemäß der Definition auf S. 5 gleich der ganzen Skalenlänge. Wir wählen sie möglichst groß, etwa gleich 100 mm; dann lautet die Gleichung der Funktionsleiter für diesen Fall:

$$x = 100 \text{ mm} \log \alpha.$$

α	$\log \alpha$	x in mm
1	0,000	0
2	0,301	30,1
3	0,477	47,7
4	0,602	60,2
5	0,699	69,9
6	0,778	77,8
7	0,845	84,5
8	0,903	90,3
9	0,954	95,4
10	1,000	100,0

Die obenstehende Zahlentafel enthält für $\alpha = 0$ bis $\alpha = 10$ die entsprechenden logarithmischen Werte, wie wir sie aus jeder Logarithmentafel entnehmen können, und die Werte für x, die durch Multiplikation der Logarithmen mit 100 gemäß obiger Gleichung entstanden sind. Wir tragen jetzt auf einer Geraden von einem Anfangspunkt, der die Bezifferung 1 erhält, eine Strecke von 30,1 mm ab und schreiben an den Endpunkt die Zahl 2. Hierauf tragen wir vom Anfangspunkt eine Strecke von 47,7 mm ab und geben dem Endpunkt die Bezifferung 3 usw. Dann erhalten wir die logarithmische Leiter, wie sie in Abb. 5 abgebildet ist. Die Teilung der Leiter läßt sich natürlich beliebig verfeinern, indem man für irgendwelche Zwischenwerte von α, wie 1,2 1,4 ..., die entsprechenden x-Werte aus einer Logarithmentafel aufsucht und ebenfalls in die Skala einträgt.

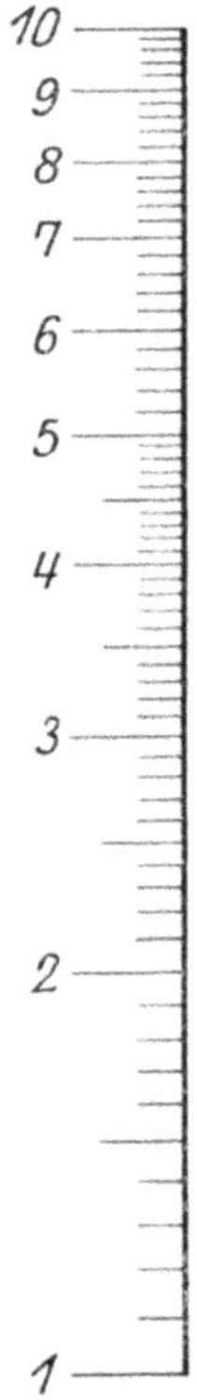

Betrachten wir diese so entstandene Leiter, so sehen wir zunächst, daß für die kleinen Zahlen die Leiter wesentlich weiter auseinandergezogen ist als für die größeren Werte. Es gilt für die logarithmisch geteilte Leiter das Gesetz, daß zwei Zahlen, die miteinander das gleiche Verhältnis bilden, z. B. 2 und 3 oder 4 und 6 oder 6 und 9, auch gleichweit auf der Leiter voneinander entfernt sind, wie man an der gezeichneten Leiter durch Nachmessen mit dem Zirkel feststellen kann. Aus $\dfrac{3}{2} = \dfrac{6}{4} = \dfrac{9}{6}$ folgt aber auch $\dfrac{3-2}{3} = \dfrac{6-4}{6} = \dfrac{9-6}{9}$, d. h.: Verstehe ich unter der ersten Zahl (3, 6 oder 9) im Zähler der Brüche die Zahl, die ich auf der Leiter ablesen will, und unter der zweiten Zahl (2, 4 oder 6) die dafür abgelesene, indem ich nämlich einen Ablesefehler mache dadurch, daß ich mit jeweils gleicher Strecke (3—2, 6—4, 9—6) eine zu kleine Zahl ablese, so ist ja der Ausdruck

$$\frac{\text{wahrer Wert} - \text{abgelesener Wert}}{\text{wahren Wert}}$$

der die prozentuale

Abb. 5. Logarithmische Teilung.

Genauigkeit zwischen dem abgelesenen und wahren Wert angibt, hier bei der logarithmisch geteilten Leiter an allen Stellen derselbe, wie aus dem oben angeführten Zahlenbeispiel folgt (nämlich in diesem Falle gleich $\frac{1}{3} = 33\,^0/_0$). Wir haben somit in der logarithmisch geteilten Leiter eine Leiter mit gleicher Genauigkeit an allen Stellen. Einen großen Vorteil hat die logarithmische Teilung weiterhin noch, als es ohne große Mühe möglich ist, die Skala nach oben oder unten beliebig weit fortzusetzen. Die Leiter Abb. 5 enthält ja zunächst nur die Werte von 1 bis 10. Wollen wir den Wert 20 noch in die Leiter aufnehmen, so erinnern wir uns daran, daß

$\log 20 = \log 2 \cdot 10 = \log 2 + \log 10$ ist. Wir haben daher von dem Punkte 2 unserer Skala die Strecke $\log 10 = 1 =$ gewählte Längeneinheit (hier 100 mm) abzutragen, um den Punkt 20 der Skala zu erhalten, und genau so liegen die Punkte 30, 40, ..., 100 und alle Zwischenwerte um die Strecke $\log 10 = 1$ rechts von den Punkten, die die 10 mal so kleinen Zahlen darstellen. Wir haben also für den Bereich 10 bis 100 an die ursprüngliche Skala ein völlig kongruentes Skalenstück anzulegen, das wir nur mit 10 mal so großen Ziffern zu versehen haben. Dasselbe gilt für den Bereich 100 bis 1000 bzw. für den sich nach unten erstreckenden Bereich 1 bis 0,1, wobei natürlich hier die Bezifferung 10 mal so klein gewählt werden muß.

Es soll an dieser Stelle gleich etwas über die praktische Herstellung solcher logarithmischer Skalen gesagt werden, denn bei unseren späteren Ausführungen und bei den meisten Nomogrammen werden wir uns dieser Skalen bedienen. Unter Benutzung einer gewöhnlichen Logarithmentafel und eines guten Millimetermaßstabes (Millimeterpapier) läßt sich ohne weiteres eine logarithmische Skala zeichnen. Bequem ist es aber auch, fertige logarithmische Teilungen zu benutzen und diese nur abzuzeichnen, was im allgemeinen das Genauere und Einfachere sein wird. Logarithmische Teilungen findet man z. B. auf den bekannten Rechenschiebern, dort sind die Teilungen mit der Längeneinheit 125 mm und 250 mm am gebräuchlichsten. Von der Fa. Dennert & Pape in Altona werden auch Maßstäbe mit diesen Teilungen hergestellt, die zum Zeichnen von logarithmischen Leitern sehr brauchbar sind. Ferner stellt die Fa. Schleicher & Schüll in Düren sogenanntes logarithmisches Koordinatenpapier her, bei dem die beiden Koordinatenachsen in logarithmischer Teilung geteilt sind. Dabei sind die Längeneinheiten 100 und 250 mm vorhanden. Die geteilten Ränder dieser Papiere lassen sich sehr schön als Skalen für die Herstellung von Nomogrammen verwenden. Das logarithmische Papier kann man auch dazu benutzen, logarithmische Leitern in vergrößertem oder verkleinertem Maßstab zu zeichnen. Abb. 6 zeigt die Vergrößerung einer logarithmischen Leiter OA. Durch den Anfangspunkt O der gegebenen Leiter — als solche benutzt man zweckmäßig die Skala am Rande eines logarithmischen Koordinatenpapieres — ist eine Gerade OA' gelegt.

Die durch die Teilpunkte der Leiter OA gehenden parallelen Geraden teilen auch die Gerade OA' logarithmisch. Die Längeneinheit OA' ist natürlich jetzt größer und hängt ab von dem Neigungswinkel α der Geraden OA' gegen OA; ist dieser gerade 60^0, so ist die Längeneinheit der Leiter OA' doppelt so groß wie die der Leiter OA.

In der diesem Büchlein beigegebenen Tafel I sind einige gebräuchliche logarithmische Leitern aufgezeichnet, deren sich der Leser beim Zeichnen von Nomogrammen bedienen möge.

Im folgenden soll nun gezeigt werden, welche Gleichungen wir mit den logarithmischen Leitern darstellen können. Betrachten wir noch einmal die oben behandelte Funktion

$$x = \alpha^2,$$

die wir in Abb. 4 durch eine Doppelleiter dargestellt hatten. Logarithmieren wir diese Gleichung, so ergibt sich

$$\log x = 2 \log \alpha.$$

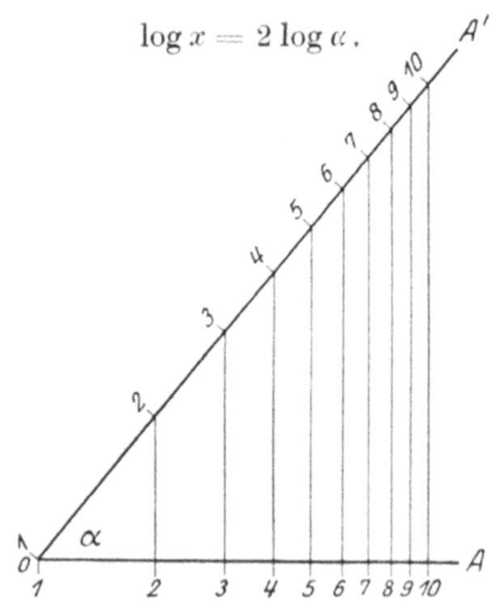

Abb. 6. Schema zur Herstellung einer logarithmischen Teilung beliebigen Maßstabes.

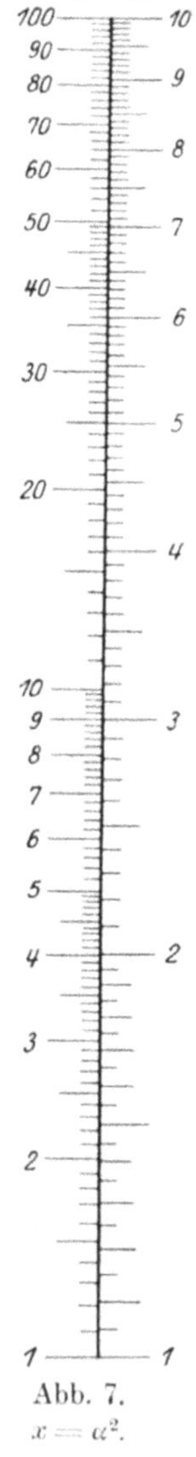

Abb. 7.
$x = \alpha^2.$

Was besagt diese Gleichung? Stellen wir uns einmal zwei logarithmische Leitern her, von denen die eine eine doppelt so

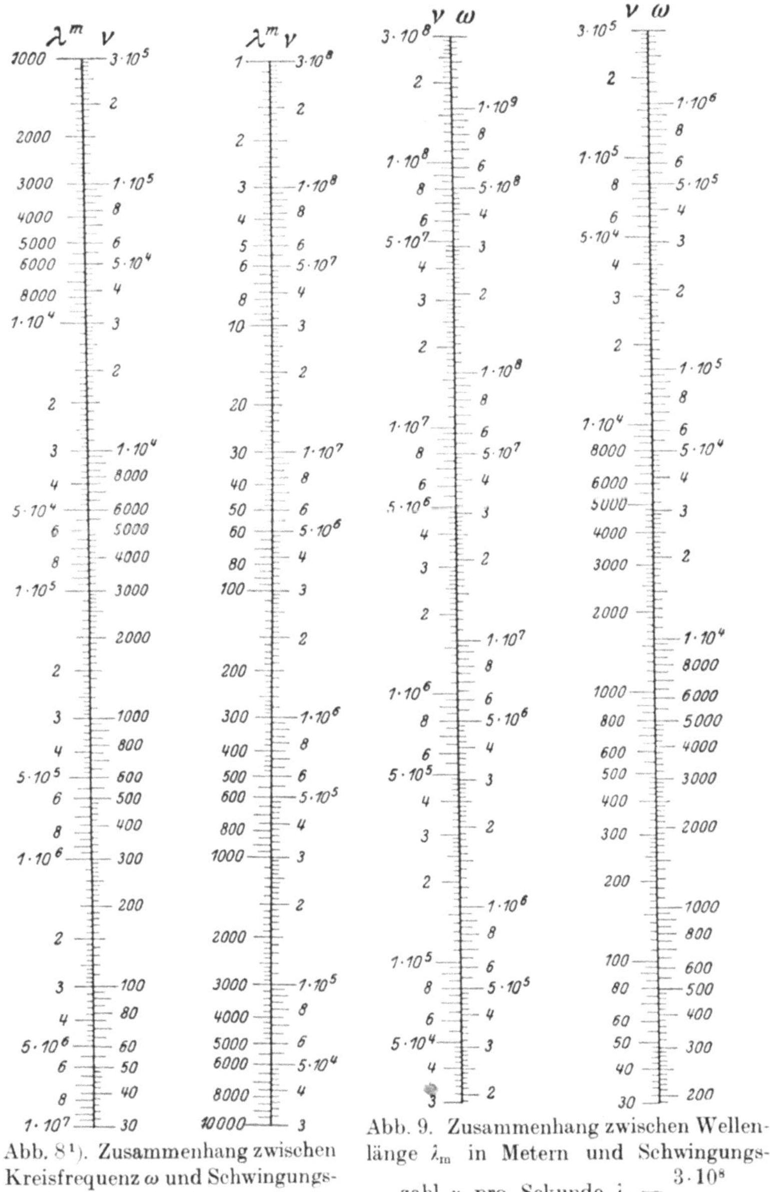

Abb. 8[1]). Zusammenhang zwischen Kreisfrequenz ω und Schwingungszahl ν pro Sekunde $\omega = 2\pi\nu$.

Abb. 9. Zusammenhang zwischen Wellenlänge λ_m in Metern und Schwingungszahl ν pro Sekunde $\lambda_m = \dfrac{3 \cdot 10^8}{\nu}$.

[1]) Die Abbildungen 8, 9, 17, 19, 20, 24, 25 und 27 sind entnommen aus Nesper, E.: Der Radio-Amateur, 6. Aufl. Berlin: Julius Springer 1925.

große Längeneinheit hat wie die andere, z. B. Skala 1 und 2 der Tafel I, und vereinigen wir beide Leitern zu einer Doppelleiter und zwar so, daß die Anfangspunkte zusammenfallen, so bekommen wir eine logarithmische Doppelleiter für die Funktion $x = \alpha^2$, wie sie in Abb. 7 dargestellt ist. Diese Doppelleiter hat gegenüber der früheren in Abb. 4 dargestellten den Vorteil, daß die prozentuale Genauigkeit an allen Stellen die gleiche ist und daß sie sich wesentlich leichter herstellen läßt. Aus der Doppelleiter Abb. 7 finden wir beispielsweise als Quadratzahl zu 5,5 den Wert 30,5 oder für $\sqrt{70,5}$ den Wert 8,4, was im Vergleich zu einer Zahlentafel sehr gut stimmt.

Betrachten wir jetzt die Gleichung

$$\omega = 2\,\pi\,\nu,$$

die uns die Abhängigkeit der Kreisfrequenz ω von der Periodenzahl ν darstellt. Wir wollen uns hierfür eine Doppelleiter herstellen. Wir logarithmieren zu diesem Zweck die vorstehende Gleichung und erhalten

$$\log \omega = \log 2\,\pi + \log \nu.$$

Nun ist $\log 2\,\pi$ eine Konstante. Aus der letzten Gleichung erkennen wir, daß die Doppelleiter aus zwei ganz gleichen logarithmischen Skalen zusammenzusetzen ist und daß die Anfangspunkte der beiden Skalen um die Strecke des konstanten Gliedes $\log 2\,\pi$ gegeneinander verschoben sind. Denn es muß z. B. gemäß der Gleichung $\omega = 2\,\pi\,\nu$ der Punkt $\nu = 100$ mit dem Punkte $\omega = 628$ zusammenfallen. Abb. 8 bringt eine in diesem Sinn genau ausgeführte Doppelleiter; aus ihr findet man z. B. für $\nu = 3 \cdot 10^6$ $\omega = 1,88 \cdot 10^7$ oder für $\omega = 8000$ $\nu = 1280$. Ganz in derselben Weise läßt sich auch eine Doppelleiter für die Beziehung zwischen Wellenlänge und Periodenzahl gewinnen, eine Beziehung, die man ja fast dauernd in der Radiotechnik gebraucht und die gegeben ist durch die Gleichung

$$\lambda_{\mathrm{m}} = \frac{3 \cdot 10^8}{\nu}.$$

Hier liefert ein Logarithmieren

$$\log \lambda = \log 3 \cdot 10^8 - \log \nu.$$

In dieser Gleichung haben die Glieder $\log \lambda$ und $\log \nu$ verschiedene Vorzeichen; dies bedeutet, daß die Richtung der beiden zu einer Doppelleiter zusammengefügten einzelnen Skalen eine verschiedene ist. Das Glied $\log 3 \cdot 10^8$ bedeutet wieder, daß die Anfangspunkte beider Skalen um die Strecke $\log 3 \cdot 10^8$ gegeneinander zu verschieben sind. In Abb. 9 ist die Doppelleiter für diesen Fall ausgeführt, für einen Wellenlängenbereich von $\lambda = 1$ m bis $\lambda = 10^7$ m, der also jedem Anspruch genügt. Man findet beispielsweise aus dieser Doppelleiter für $\lambda = 100$ m den Wert $\nu = 3 \cdot 10^6$ oder für $\nu = 6 \cdot 10^5$ den Wert $\lambda = 5000$ m. Mit diesen beiden Beispielen, die bereits zeigen, wie überaus wertvoll die Benutzung von Doppelleitern auch auf radiotechnischem Gebiet ist, sind aber die Verwertungsmöglichkeiten noch lange nicht erschöpft. Die Beziehung zwischen Frequenz ν und Periodendauer T, die gegeben ist durch die Gleichung $\nu = \dfrac{1}{T}$, läßt sich, wie Abb. 10 zeigt, in einer Doppelleiter darstellen.

Ferner läßt sich sehr schön die vielgebrauchte Formel für die Umrechnung von in cm ausgedrückten Kapazitäten in das Maßsystem Mikrofarad darstellen. Hierfür gibt Abb. 11 ein Beispiel. Die Leiter ist nur für den Bereich von $C = 100$ bis 1000 cm gezeichnet, läßt sich aber ohne weiteres durch entsprechende Multiplikation oder Division mit 10, 1000 ... für jeden anderen Wert benutzen. Ein Beispiel möge dies erläutern: Aus der Doppelleiter findet man, daß eine Kapazität von 530 cm $= 5{,}9 \cdot 10^{-4}$ Mikrofarad. Dann sind entsprechend 5300 cm $= 5{,}9 \cdot 10^{-3}$ Mikrofarad bzw. 53 cm $= 5{,}9 \cdot 10^{-5}$ Mikrofarad.
Eine weitere Anwendung der Doppelleiter

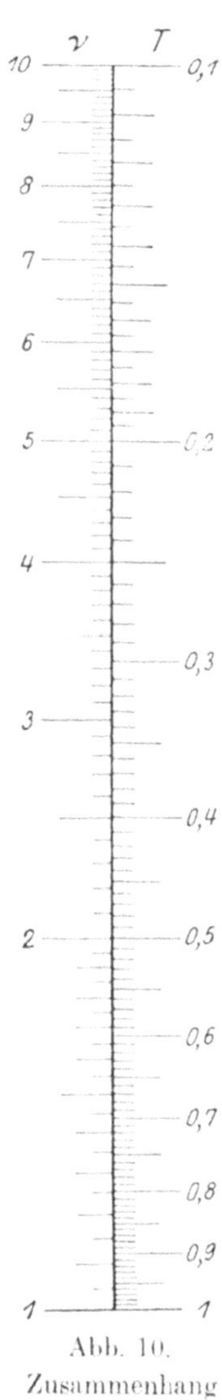

Abb. 10. Zusammenhang zwischen Frequenz ν und Schwingungsdauer T

$$\nu = \frac{1}{T} .$$

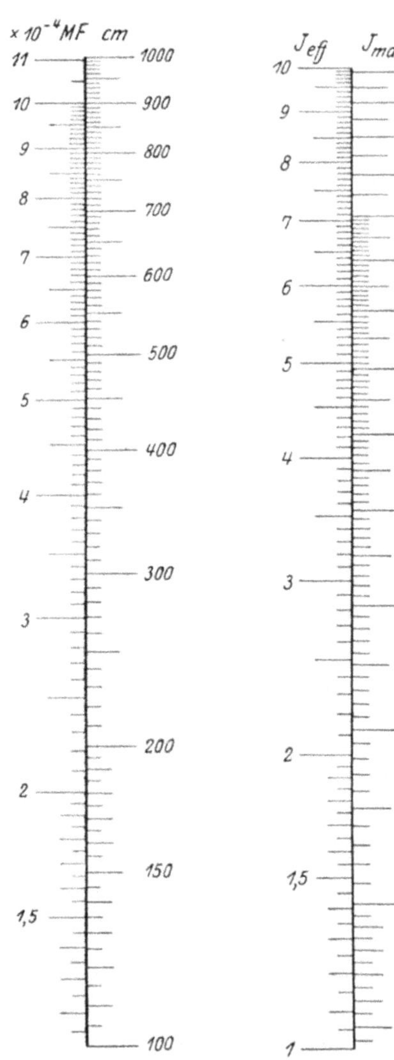

Abb. 11. Zusammen-
hang zwischen
Mikrofarad MF und
Zentimeter cm
$1\ MF = 9 \cdot 10^5$ cm.

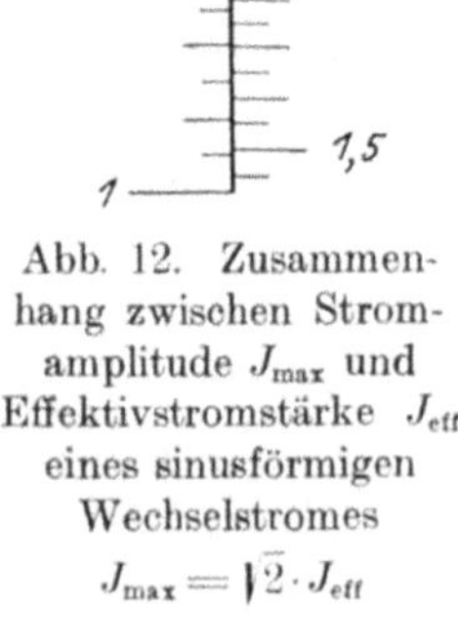

Abb. 12. Zusammen-
hang zwischen Strom-
amplitude J_{max} und
Effektivstromstärke J_{eff}
eines sinusförmigen
Wechselstromes

$$J_{max} = \sqrt{2} \cdot J_{eff}$$

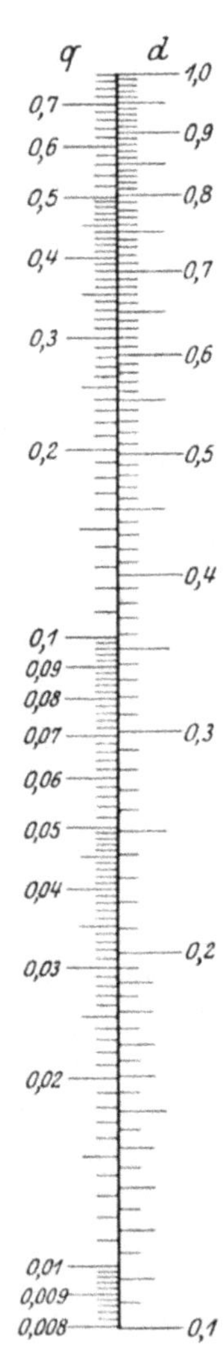

Abb. 13. Zusammen-
hang zwischen Quer-
schnitt q und Durch-
messer d eines
Drahtes

$$q = \frac{\pi}{4} d^2.$$

bietet folgender Fall. Bei sinusförmigem Wechselstrom ist die Stromamplitude I_{max} bzw. Spannungsamplitude E_{max} gleich dem $\sqrt{2}$ fachen Wert des Effektivstromes I_{eff} bzw. der Effektivspannung E_{eff}; dieser Effektivwert wird ja stets von den technischen Meßinstrumenten angezeigt, und den Maximalwert kann man dann nur mit einer der beiden folgenden Formeln errechnen:

$$I_{max} = \sqrt{2} \cdot I_{eff} \qquad E_{max} = \sqrt{2} \cdot E_{eff}.$$

Hierfür läßt sich leicht eine Doppelleiter zeichnen, denn durch Logarithmieren ergibt sich:

$$\log I_{max} = \tfrac{1}{2} \log 2 + \log I_{eff}.$$

Demnach sind zwei logarithmische Doppelleitern in gleichem Sinne so aneinander zu legen, daß ihre Anfangspunkte um die Strecke $\tfrac{1}{2} \log 2$ gegeneinander verschoben sind. Abb. 12 zeigt die fertige Skala, die wohl ohne weiteres verständlich ist.

Ähnliche Doppelleitern lassen sich noch zeichnen für die Beziehung zwischen der mittleren Stromstärke bzw. Spannung an einer Antenne mit sinusförmiger Strom- bzw. Spannungsverteilung und der Maximalstromstärke oder Spannung auf Grund der Formel:

$$I_{mittel} = \frac{2}{\pi} I_{max} \qquad \text{und} \qquad E_{mittel} = \frac{2}{\pi} E_{max}.\,[1]$$

Zum Schlusse dieses Abschnittes soll noch eine Doppelleiter für die Beziehung angegeben werden, die zwischen dem Querschnitt q und dem Durchmesser d bei Drähten mit kreisförmigem Querschnitt besteht. Hier gilt die Gleichung:

$$q = \frac{\pi}{4} d^2.$$

Logarithmieren ergibt:

$$\log q = \log \frac{\pi}{4} + 2 \log d.$$

Die Doppelleiter für diese Gleichung entsteht durch Aneinanderheften von zwei logarithmischen Skalen, von denen die Skala, auf der wir den Durchmesser ablesen wollen, mit doppeltem

---

[1] Siehe Nesper, E.: Der Radio-Amateur, 6. Aufl., S 128 Berlin: Julius Springer 1925.

Maßstab gezeichnet werden muß. Die Anfangspunkte beider Skalen müssen ferner um die Strecke $\log \dfrac{\pi}{4}$ gegeneinander verschoben sein. Abb. 13 stellt eine solche Doppelleiter dar, die bei Querschnitts- und Widerstandsberechnungen von großem Nutzen sein kann.

4. Netztafeln.

Wir verlassen diesen Abschnitt über die Doppelleitern, die uns gewissermaßen ein Nomogramm zur Lösung einer Gleichung zwischen zwei Veränderlichen darstellen, und gehen dazu über, mehrere Funktionsleitern in der Ebene zu neuen Gebilden zusammenzusetzen. Je nachdem, zu was für Figuren wir diese Leitern zusammenfügen, erhalten wir natürlich verschiedenartige Nomogramme, aus denen wir die wichtigsten herausgreifen und ihre Anwendung auf das Gebiet der Radiotechnik erörtern wollen.

Nehmen wir zunächst einen ganz einfachen Fall. Die beiden gleichförmigen, einander ganz gleichen Leitern

$$x = 1 \text{ mm } \alpha \quad \text{und} \quad y = 1 \text{ mm } \beta$$

sollen denselben Anfangspunkt haben und miteinander einen rechten Winkel bilden. Ziehen wir dann durch die Teilpunkte jeder dieser Funktionsleitern parallele Linien zu der andern Leiter, so erhalten wir ein Netzwerk von Linien, und zwar das bekannte Netz des Millimeterpapieres (Abb. 14). Jeder Punkt dieses Netzwerkes, das man allgemein als Koordinatennetz bezeichnet, ist durch zwei Zahlen bestimmt. Z. B. ist der Punkt P in Abb. 14 festgelegt durch die Zahlen 4 und 5, denn man findet ihn, indem man auf der wagrechten Funktionsleiter, die man als Abszissenachse bezeichnet, die Zahl 4 aufsucht, dort die Senkrechte errichtet, auf der senkrechten Funktionsleiter dagegen, die man kurz Ordinatenachse nennt, durch den Punkt 5 die Wagrechte zieht. Beide Linien schneiden sich in dem Punkte P, der also jetzt durch die Zahlen 4 und 5 festgelegt ist. Man kann nun in ein solches Netz die Werte einer dritten Veränderlichen γ, die von zwei unabhängigen Veränderlichen α und β in irgendeiner Weise abhängig sein soll, in Form

einer Schar von Kurven eintragen. Es sei die Gleichung gegeben:

$$\gamma = \alpha \cdot \beta \,.$$

Lassen wir in dieser Gleichung die Werte α und β alle möglichen Zahlen durchlaufen und tragen wir gemäß obiger Fest-

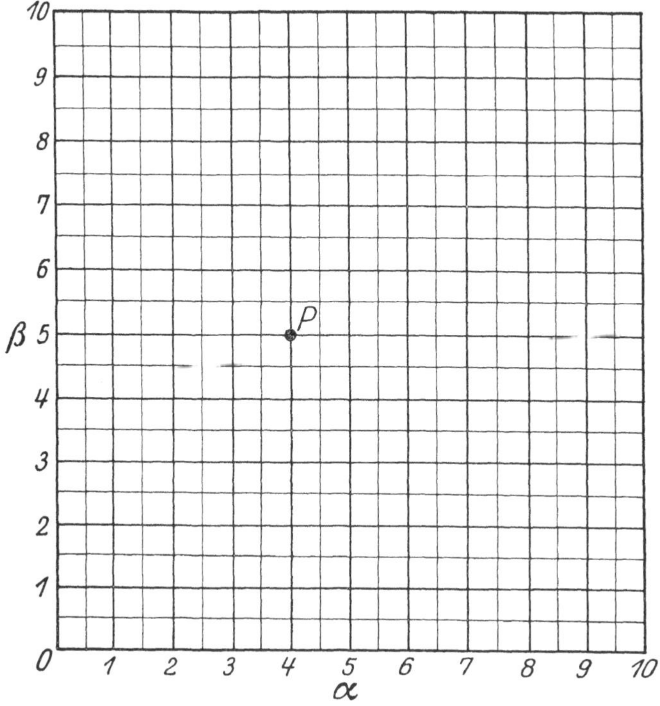

Abb. 14 Koordinatennetz

setzung die sich jeweils für γ ergebenden Werte in das Netzwerk der Abb. 14 ein, und verbinden wir diejenigen γ-Werte,
die gleich sind, so erhalten wir eine Schar von Hyperbelkurven,
wie sie in Abb. 15 dargestellt ist. Diese Zeichnung stellt uns
eine neue Art von Nomogramm dar, nämlich ein solches für
drei veränderliche Größen, während bisher die Doppelleiter uns
nur die Beziehung zwischen zwei Veränderlichen graphisch dar-
stellte. Das Nomogramm Abb. 15 gibt uns ein graphisches
Bild der Gleichung $\gamma = \alpha \cdot \beta$ und kann als Multiplikations- bzw.
Divisionstafel bezeichnet werden, da es gestattet, solche Auf-

gaben graphisch zu lösen. Ist beispielsweise $\alpha = 5$ und $\beta = 8$, so findet man den hierdurch festgelegten Punkt auf der Kurve $\gamma = 40$. Umgekehrt findet man zu $\gamma = 50$ und $\alpha = 8$ den Wert $\beta = \dfrac{\gamma}{\alpha} = 6{,}25$. Durch Einziehen weiterer Hyperbelkurven

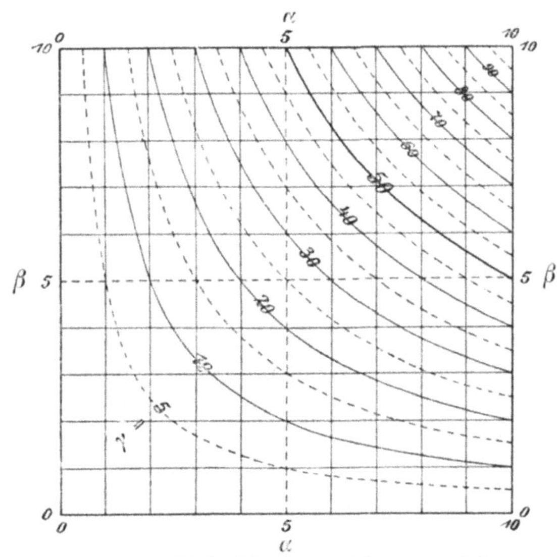

Abb. 15. Multiplikationstafel: $\gamma = \alpha \cdot \beta$.[1])

läßt sich die Genauigkeit der Tafel noch steigern; auch kann man Zwischenwerte noch ganz gut abschätzen.

Diese eben besprochene Netztafel hat in der Radiotechnik Anwendung gefunden, um die Thomsonsche Wellenlängengleichung graphisch darzustellen. Bekanntlich ist

$$\lambda = 2\,\pi\,c\,\sqrt{L \cdot C},$$

wenn λ die Wellenlänge, c die Lichtgeschwindigkeit, L die in Henry ausgedrückte Selbstinduktion und C die in Farad angegebene Kapazität des Schwingungskreises bedeutet. Durch Quadrieren folgt

$$\lambda^2 = k\,L \cdot C,$$

wo $k = 4\,\pi^2\,c^2$ eine Konstante ist.

____

[1]) Entnommen aus Werkmeister, Rechentafeln. Berlin: Julius Springer 1923.

Setzt man $\dfrac{\lambda^2}{k} = \gamma$, $L = \alpha$ und $C = \beta$, so erhält man

$$\gamma = \alpha \cdot \beta,$$

also die Gleichung, die durch die Netztafel Abb. 15 dargestellt wurde. Die Kurve für die Abhängigkeit der Wellenlänge von

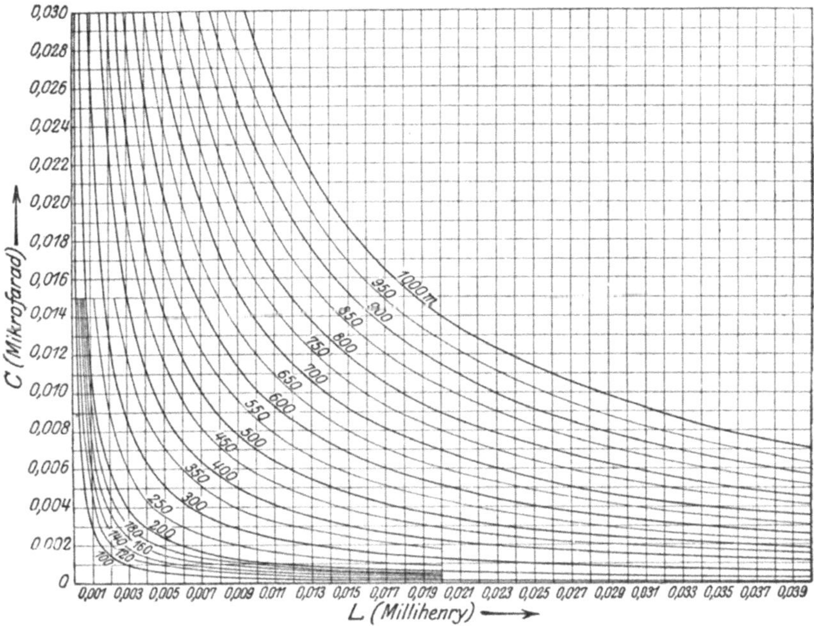

Abb. 16. Zusammenhang zwischen Wellenlänge λ in Metern, Selbstinduktion L in Millihenry und Kapazität C in Mikrofarad.

Selbstinduktion und Kapazität ist demnach eine Hyperbel. Als Erster hat W. Massie[1]) solche Wellenlängentafeln in dieser Form gezeichnet, wovon Abb. 16 ein Beispiel zeigt. Der Gebrauch der Tafel ist sehr einfach und bedarf keiner weiteren Erklärung. Man ersieht beispielsweise aus der Tafel, daß sich dieselbe Wellenlänge von etwa 850 m sowohl mit einer Kapazität von 0,023 Mikrofarad und einer Selbstinduktion von 0,009 Millihenry, als auch mit einer Kapazität von 0,012 Mikro-

---

[1]) Electrical World Vol Nr 7, S. 330. 1906.

farad und einer Selbstinduktion von 0,017 Millihenry erreichen läßt. Bei Berücksichtigung der Dezimalen gelten die Kurven selbstverständlich auch für Wellenlängen unter 100 m und über 1000 m.

In der Radiotechnik kommt es oft vor, daß zu einem Ohmschen Widerstand w eine Kapazität C parallel geschaltet wird.

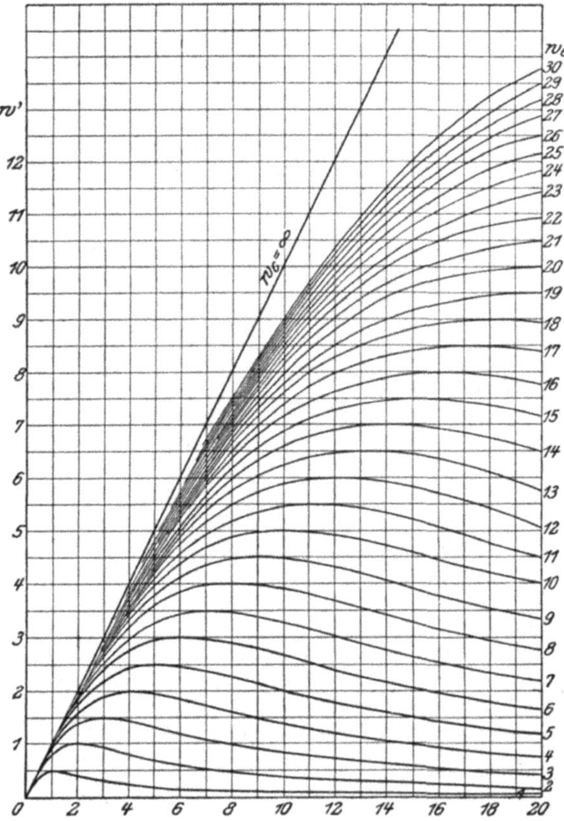

Abb. 17 Zusammenhang zwischen resultierendem Widerstand w', Ohmschem Widerstand w und kapazitivem Widerstand w_c einer Kapazität, wenn diese dem Ohmschen Widerstand parallel geschaltet wird

$$w' = w \cdot \frac{w_c^2}{w^2 + w_c^2}.$$

Die Theorie[1]) zeigt dann, daß zwischen dem resultierenden Widerstand w' dieses Gebildes, dem Ohmschen Widerstand w und dem kapazitiven Widerstand $w_C \left(= \dfrac{1}{\omega C} \right)$ die folgende Beziehung besteht:

$$w' = w \, \frac{w_C{}^2}{w^2 + w_C{}^2} \, .$$

Auch diese Gleichung läßt sich durch eine Netztafel darstellen, wie dies Abb. 17 für die in der Praxis am gebräuchlichsten Werte zeigt. Aus dieser Tafel findet man, daß durch Parallelschalten eines Ohmschen Widerstandes $w = 16$ Ohm und einer Kapazität mit dem kapazitiven Widerstand $w_C = 20$ Ohm, was bei einer Wellenlänge von 1000 m ($\omega = 1,88 \cdot 10^7$) einer Kapazität von 24 300 cm entspricht, der sich ergebende resultierende Scheinwiderstand w' etwa 9,75 Ohm beträgt.

Die praktische Herstellung dieser Art von Netztafeln ist aber in den meisten Fällen recht schwierig: um die Tafel einigermaßen genau auszuführen, muß man eine große Anzahl von einzelnen Punktwerten aus der betreffenden Gleichung errechnen und danach die Kurven zeichnen. Beides ist recht zeitraubend und umständlich. Auch das Arbeiten mit solchen Kurventafeln ist nicht allzu bequem. Hat man einen Punkt in der Tafel aufgefunden, so muß man erst wieder die Bezifferung der Kurve, die durch den betreffenden Punkt geht, feststellen, da nämlich diese Ziffer meist an einer anderen Stelle der Kurve steht. Hierbei kommt es leicht vor, daß man sich in eine andere Kurve verirrt und zu falschen Resultaten gelangt.

Etwas übersichtlicher gestalten sich diese nomographischen Netztafeln, wenn wir statt der gleichförmigen Funktionsleitern, die wir bisher als Koordinatenachsen für das Koordinatennetz benutzt haben, logarithmisch geteilte Leitern benutzen. Wählen wir etwa als Abszissenachse die logarithmische Leiter $x = l \cdot \log \alpha$ und als Ordinatenachse die gleiche Leiter $y = l \cdot \log \beta$ und ziehen wir durch die Leiterteilpunkte wieder Parallelenscharen, so erhalten wir ein sogenanntes logarithmisches Koordinatennetz.

---

[1]) Siehe Nesper, E.: Der Radio-Amateur, 6. Aufl., S. 112 Berlin: Julius Springer 1925

Papier mit solcher logarithmischer Netzteilung ist unter dem Namen logarithmisches Papier im Handel erhältlich.

Welche Gestalt nun die oben besprochene Funktion $\gamma = \alpha \cdot \beta$ bei Benutzung dieser logarithmischen Netzteilung annimmt,

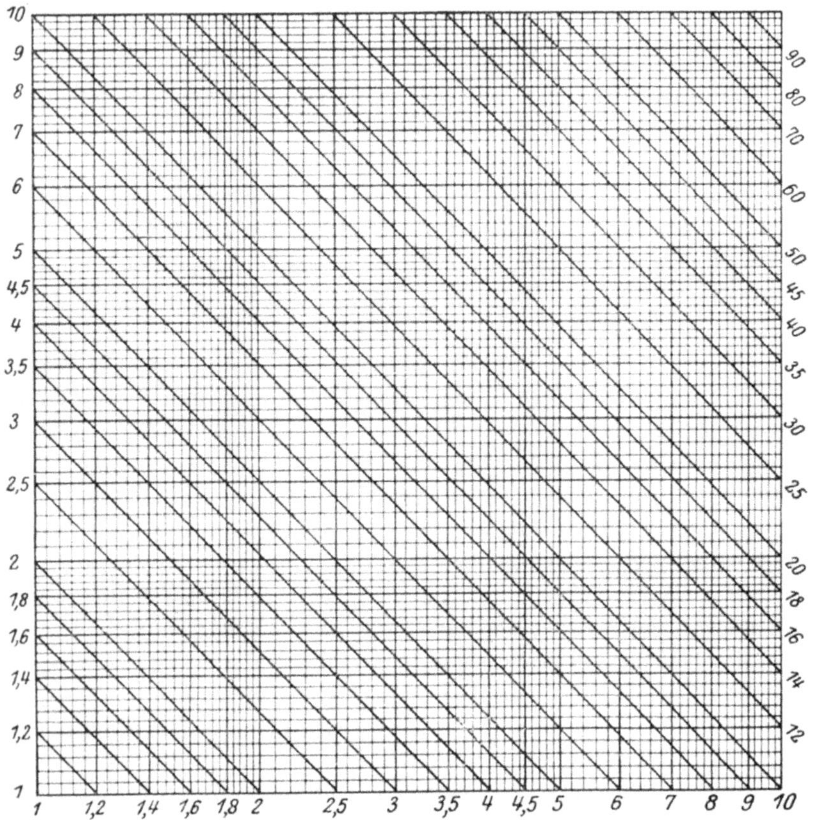

Abb. 18. Logarithmische Multiplikations- und Divisionstafel.

ersieht man sofort, wenn man die Gleichung logarithmiert. Dann ergibt sich

$$\log \gamma = \log \alpha + \log \beta,$$

also

$$l \log \gamma = l \log \alpha + l \log \beta$$

und, da $x = l \log \alpha$ und $y = l \log \beta$ sein soll,

$$l \log \gamma = x + y.$$

Diese Gleichung stellt für ein konstantes γ nach den Gesetzen der analytischen Geometrie eine Gerade dar, die mit der positiven Richtung der Abszissenachse einen Winkel von 135^0 bildet. Es gehen also die Hyperbelkurven in der Netztafel Abb. 15 in gerade Linien über, wenn wir die logarithmische Teilung einführen. Den genauen mathematischen Beweis hierfür findet der Leser in den Lehrbüchern über analytische Geometrie. Ihn hier zu bringen würde zu weit führen.

In Abb. 18 ist eine auf diese Art gezeichnete Multiplikations- bzw. Divisionstafel abgebildet. Wie man sieht, läßt sich eine solche Netztafel ohne besondere Schwierigkeit zeichnen, wenn man fertiges Logarithmenpapier dazu benutzt. In gleicher Weise wurde von Rein die Massiesche Wellenlängentafel, die wir in Abb. 16 wiedergaben, in eine wesentlich bequemere und leichter herstellbare Wellenlängentafel übergeführt. Tafel 2[1]) am Ende des Buches bringt hiervon eine Wiedergabe, und wird sich der Leser wohl ohne weiteres darin zurechtfinden.

Bereits auf Seite 23 sprachen wir von dem Wechselstromwiderstand w_C eines Kondensators. Dieser hängt bekanntlich ab von der Frequenz ν des Wechselstromes bzw. der Wellenlänge λ und der Kapazität C des Kondensators gemäß der Gleichung

$$w_C^{\text{Ohm}} = \frac{1}{2\,\pi\,\nu\,C_{\text{Farad}}} = 4,77 \frac{\lambda^{\text{cm}}}{C^{\text{cm}}}.\quad {}^{2})$$

Analog hat eine Spule mit der Selbstinduktion L einen Wechselstromwiderstand

$$w_L^{\text{Ohm}} = 2\,\pi\,\nu\,L^{\text{Henry}} = 1,885 \frac{L^{\text{cm}}}{\lambda^{\text{cm}}}.\quad {}^{2})$$

Auch diese beiden Beziehungen lassen sich sehr schön in einer logarithmischen Netztafel darstellen, wovon Abb. 19 ein Abbild gibt. Aus dieser Tafel findet man beispielsweise, daß eine Ka-

---

[1]) Entnommen aus Nesper, E: Lehrbuch der drahtlosen Telegraphie. Berlin: Julius Springer 1921.

[2]) Siehe Nesper, E : Der Radio-Amateur, 6. Aufl, S 111 und 119. Berlin: Julius Springer 1925.

pazität von 10 000 cm bei einer Wellenlänge von 5000 m einen Scheinwiderstand von etwa 240 Ohm hat, während denselben

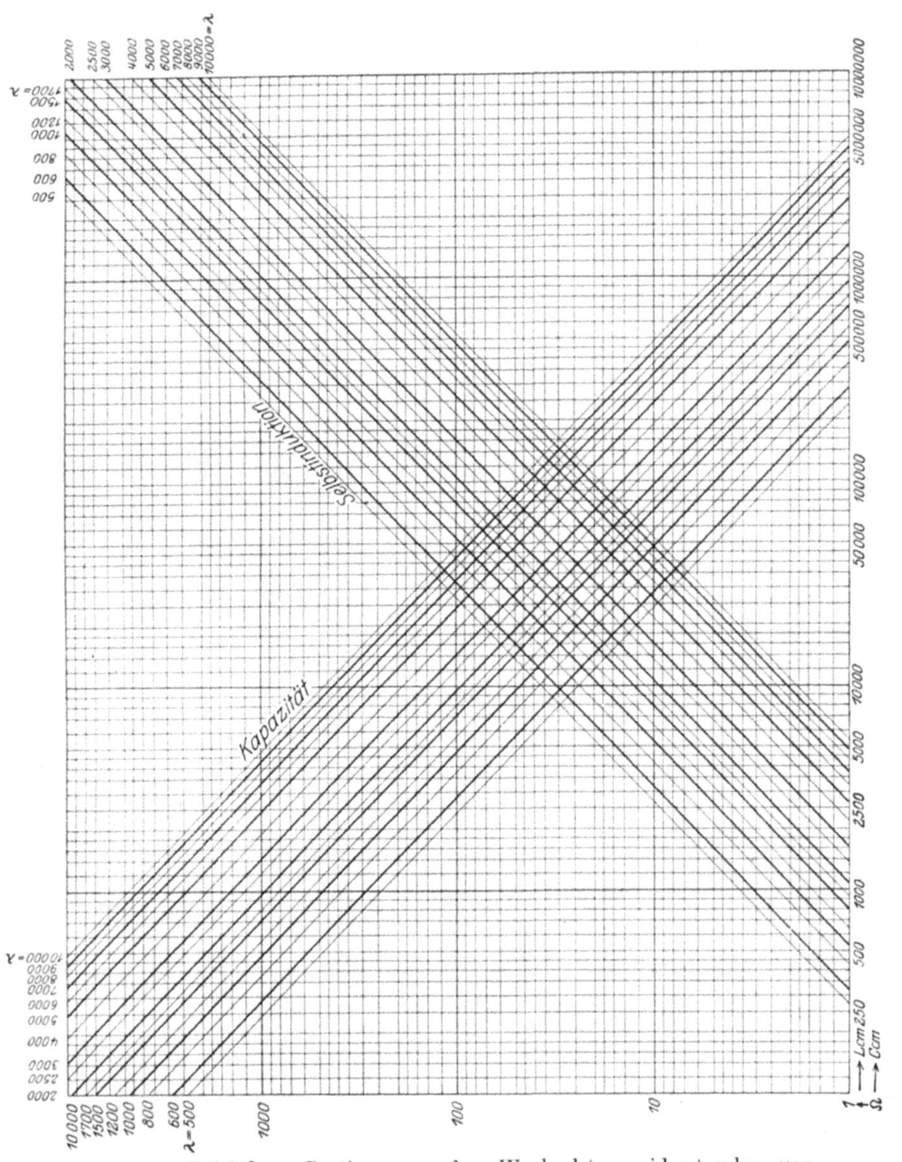

Abb. 19. Tafel zur Bestimmung des Wechselstromwiderstandes von Selbstinduktionen und Kapazitäten.

Widerstand bei gleicher Wellenlänge eine Spule von 630000 cm
Selbstinduktion hat.

Zum Schlusse dieses Abschnittes seien noch zwei weitere
Netztafeln mit gleichförmiger Teilung für zwei in der Radio-

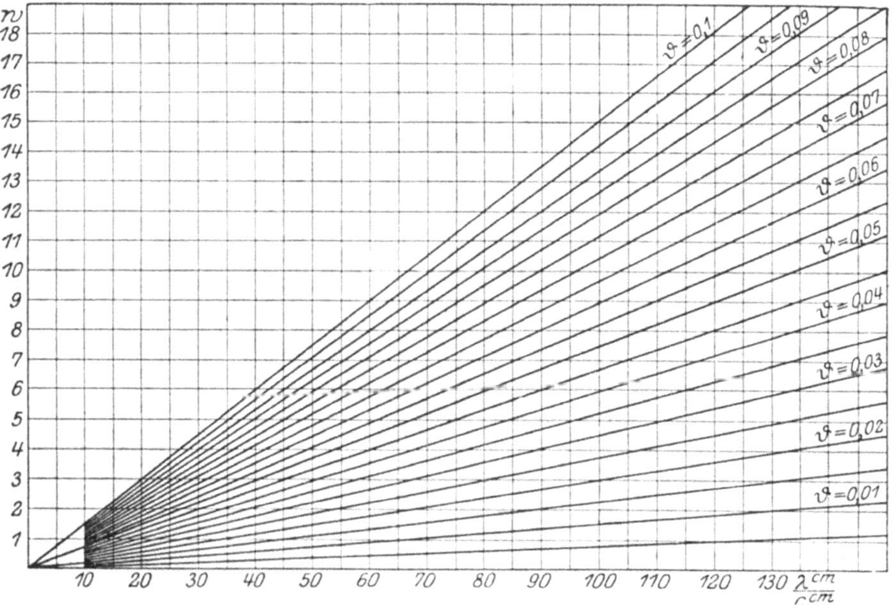

Abb 20. Zusammenhang zwischen Ohmschem Widerstand w in Ohm,
Dampfungsdekrement ϑ, Kapazitat C_{cm} in Zentimetern und Eigenwelle λ_{cm}
in Zentimeter eines Schwingungskreises

$$w_{Ohm} = 150\,\vartheta\,\frac{\lambda_{cm}}{C_{cm}}$$

technik vielgebrauchte Formeln angegeben. Der Ohmsche Widerstand w, das Dämpfungsdekrement ϑ, sowie die Kapazität C
und die Eigenwellenlänge λ eines Kreises sind durch die Gleichung

$$w_{Ohm} = 150\,\vartheta\,\frac{\lambda^{cm}}{C^{cm}}\ ^1)$$

miteinander verknüpft.

Diese Beziehung ist in Abb. 20 wiedergegeben. Die Tafel
kann zur raschen Ermittlung von ϑ oder w dienen.

---

[1] Siehe Nesper, E.: Der Radio-Amateur, 6. Aufl., S. 103. Berlin:
Julius Springer 1925.

Der Strahlungswiderstand w_S einer Antenne, von dem in erster Linie die Güte der Antenne abhängt, ist abhängig von der Effektivhöhe h_w der Antenne und der ausgestrahlten Wellenlänge λ und dargestellt durch die Gleichung:

$$w_S = 160\,\pi^2 \left(\frac{h_w}{\lambda}\right)^2. \ ^1)$$

Abb. 21 stellt diese Gleichung dar und ist zur Beurteilung von Antennen recht brauchbar.

Trotzdem bei diesen letzten Tafeln der Nachteil des Auftretens von krummlinigen Kurvenscharen beseitigt ist, haben sie doch immer noch das Unangenehme, daß man sich auch jetzt noch gar zu leicht in den Linienscharen verirren kann, besonders wenn man irgendwelche Zwischenwerte bestimmen will. Diesen Nachteil werden wir bei den Nomogrammen des nächsten Abschnittes nicht mehr finden.

5. Fluchtentafeln aus drei parallelen Funktionsleitern.

Wir haben im letzten Abschnitt zwei Funktionsleitern unter einem rechten Winkel zusammengesetzt und gelangten auf diese Weise zur Konstruktion des kartesischen Koordinatenkreuzes und zur Herstellung der Netztafeln. Wir wollen nun einen Schritt weitergehen und nicht nur zwei, sondern mehrere Funktionsleitern, also zunächst etwa drei, zu irgendwelchen Gebilden zusammensetzen. Wir wählen zuerst den ganz einfachen Fall, daß drei gleiche Funktionsleitern α, β, γ mit gleichförmiger Teilung parallel zueinander in gleicher Richtung verlaufen, ihre Anfangspunkte auf einer Geraden liegen, und die beiden äußeren Skalen gleichweit von der mittleren entfernt sind (Abb. 22). Legen wir nun eine Gerade, etwa ein Lineal, quer über die drei Skalen, etwa so, daß sie durch den Punkt $P = 5$ der linken (α) und den Punkt $Q = 3$ der rechten Leiter (β) geht, so trifft diese Gerade die mittlere Leiter (γ) im Punkte $R = 4$, der, wie man sofort erkennt, das arithmetische Mittel von 3

$^1)$ Siehe Nesper, E.: Der Radio-Amateur, 6. Aufl., S. 130. Berlin: Julius Springer 1925

und 5 ist.   Diese Bedingung wird immer erfüllt sein, wie wir
auch immer die Gerade legen mögen.   Wir haben also in diesen

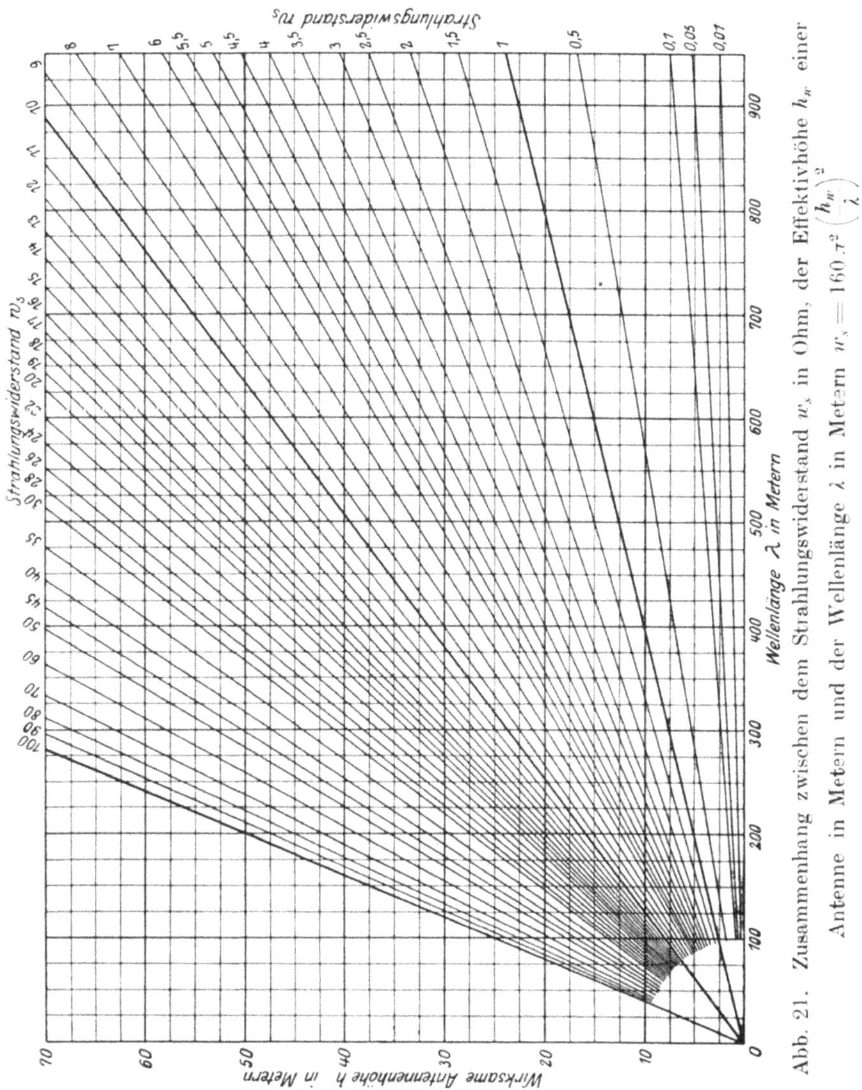

Abb. 21. Zusammenhang zwischen dem Strahlungswiderstand w_s in Ohm, der Effektivhöhe h_w einer Antenne in Metern und der Wellenlänge λ in Metern $w_s = 160 . \pi^2 \left(\dfrac{h_w}{\lambda} \right)^2$

drei parallelen Skalen ein Nomogramm, das uns gestattet, zu
zwei gegebenen Werten α und β das arithmetische Mittel

$\gamma = \dfrac{\alpha + \beta}{2}$ zu finden. Der genaue Beweis hierfür ist leicht erbracht. Die Abbildung $APQB$ ist ein Trapez, die Linie CR

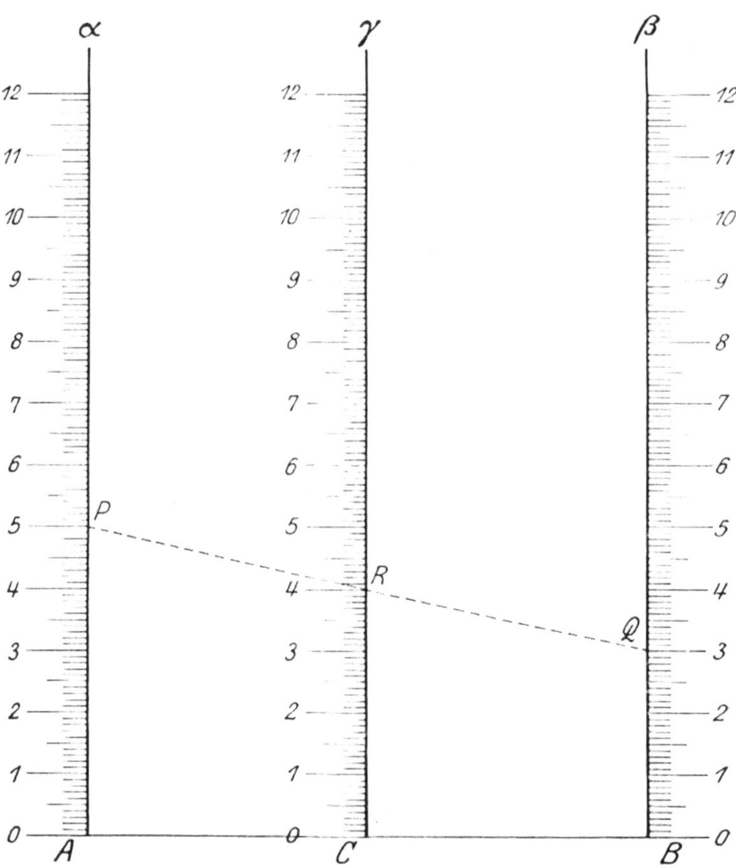

Abb. 22. Nomogramm zur Ermittlung des arithmetischen Mittels γ zu zwei gegebenen Werten α und β.

$$\gamma = \frac{\alpha + \beta}{2}.$$

ist die Mittellinie in diesem Trapez, und aus der Geometrie ist bekannt, daß die Mittellinie eines Trapezes das arithmetische Mittel zu den beiden parallelen Seiten ist.

Ein Nomogramm, wie das vorliegende, zur Bestimmung des

arithmetischen Mittels nutzt uns nun wenig, denn das arithmetische Mittel zu zwei gegebenen Zahlen kann man ebenso leicht im Kopf ausrechnen. Wir wollen aber jetzt einmal bei diesem Nomogramm ganz schematisch die drei gleichförmigen

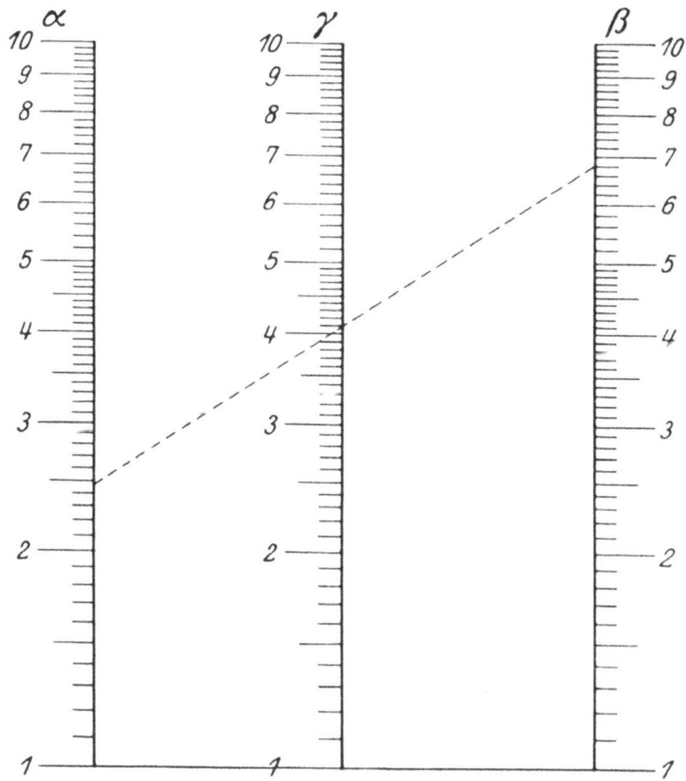

Abb. 23. Nomogramm zur Ermittlung des geometrischen Mittels γ zu zwei gegebenen Werten α und β.

$$\gamma = \sqrt{\alpha \cdot \beta} \,.^{1)}$$

Leitern durch logarithmisch geteilte Leitern ersetzen und sehen, was dann geschieht. Bei der gleichmäßigen oder linearen Teilung der Abb. 22 ergab die Ablesung an dem mittleren Maßstab den Wert $\gamma = \dfrac{\alpha + \beta}{2}$.

---

[1]) In dieser Form bereits von Luckey 1 c angegeben

Bei logarithmisch geteilten Skalen muß nun ebenfalls

$$\log \gamma = \frac{\log \alpha + \log \beta}{2} \tag{1}$$

sein und hieraus folgt, daß wir in diesem Fall statt des arithmetischen Mittels das geometrische Mittel am mittleren Maßstab ablesen, das die Beziehung darstellt

$$\gamma = \sqrt{\alpha \cdot \beta},$$

denn Gleichung 1 entsteht ja hieraus durch einfaches Logarithmieren. In Abb. 23 ist ein solches Nomogramm zur Ermittlung des geometrischen Mittels von zwei gegebenen Zahlen gezeichnet. Eine durch die Punkte $\alpha = 2{,}47$ und $\beta = 6{,}81$ gelegte Gerade ergibt den Wert $\gamma = 4{,}1 = \sqrt{2{,}45 \cdot 6{,}8}$.

Dieses Nomogramm ist für praktische Zwecke bereits recht gut brauchbar, da es uns in einfachster Weise ermöglicht, die Quadratwurzel aus dem Produkt zweier Zahlen zu ziehen. Der Leser wird jetzt bereits erkennen, daß auf diese Weise auch das zu Anfang mitgeteilte Nomogramm für die Thomsonsche Schwingungsgleichung entstanden ist. Bevor wir jedoch dazu übergehen, einige speziell für die Radiotechnik sehr brauchbare Nomogramme dieser Art anzugeben, müssen wir uns noch für einen Augenblick mit einigen Verallgemeinerungen befassen, die für das weitere Verständnis von Wert sind.

Bei den Nomogrammen Abb. 22 und 23 lagen die Anfangspunkte der drei Leitern, also in Abb. 22 die Nullpunkte und bei den logarithmisch geteilten Skalen der Abb. 23 die mit 1 bezifferten Punkte stets auf einer Verbindungslinie. Ist dies nicht der Fall, verschiebt man also die mittlere Skala um ein bestimmtes Stück, so daß die Verbindungslinie der Anfangspunkte der beiden äußeren Leitern durch den Punkt k der mittleren Leiter geht, so wird durch eine solche nomographische Tafel bei gleichförmiger Teilung der Skalen die Funktion

$$\gamma = \frac{\alpha + \beta}{2} + k,$$

bei logarithmisch geteilten Skalen dagegen die Funktion

$$\gamma = k \cdot \sqrt{\alpha \cdot \beta}$$

dargestellt.

Auf Grund dieser Formel können wir jetzt zur Herstellung des Nomogrammes für die Beziehung zwischen Wellenlänge λ, Selbstinduktion L und Kapazität C eines Schwingungskreises schreiten, die uns durch die Gleichung $\lambda^{\mathrm{cm}} = 2\,\pi \sqrt{L^{\mathrm{cm}} \cdot C^{\mathrm{cm}}}$ gegeben ist. Zunächst müssen wir uns klar werden, für welchen Bereich wir die Tafel herstellen wollen. Eine solche Überlegung muß man stets vorher anstellen, damit man das Nomogramm nicht unnötigerweise zu groß oder zu klein zeichnet. Nehmen wir einmal eine Variation der Selbstinduktion von 10^3 bis 10^7 cm, eine Veränderlichkeit der Kapazität von 10 bis 10^5 cm an, so umfassen wir damit einen Wellenlangenbereich von 10 bis über 40 000 m, was für alle Zwecke wohl genügen wird.

Wir zeichnen nun drei parallele Linien. Die Anfangspunkte der beiden äußeren mögen auf einer horizontalen Geraden liegen. Wir tragen von ihnen nach oben viermal den logarithmischen Maßstab etwa mit der Längeneinheit 100 mm (Entfernung von Punkt 1 bis 10) ab. Den Anfangspunkt der linken Leiter, die die Werte der Selbstinduktion erhalten soll, bezeichnen wir 1. u 10^3 cm, die übrigen Teilpunkte entsprechend bis zum Endpunkt, der die Ziffer 10^7 erhält. Bei der rechten Leiter, auf der die Werte für die Kapazität aufgetragen werden sollen, bezeichnen wir den Anfangspunkt mit 10 cm; der obere Endpunkt erhält dann die Ziffer 10^5. Verbinden wir jetzt den Punkt 10^3 cm Selbstinduktion auf der linken Skala mit dem Punkt 10^3 cm Kapazität auf der rechten Skala durch eine gerade Linie, so schneidet diese die in der Mitte zwischen den beiden äußeren Leitern gelegene Gerade, die die Teilung für die Wellenlänge tragen soll, in einem Punkte, dem gemäß unserer Gleichung der Wert $\lambda^{\mathrm{cm}} = 2 \cdot \pi \sqrt{1000 \cdot 1000} = 6280$ cm zugeteilt werden muß, d. h. es muß der Anfangspunkt der mittleren Skala, also der Punkt 1000, um diesen Betrag (mit dem logarithmischen Maßstab zu messen!) von diesem Schnittpunkt nach unten verschoben werden. Von dem so erhaltenen Anfangspunkt trägt man dann auf der mittleren Geraden die gleiche logarithmische Teilung wie vorher auf den beiden äußeren Leitern nach oben hin mehrmals ab. Der Anfangspunkt erhalt in diesem Falle den Wert 1000 cm = 10 m. In Abb. 24 ist ein solches Nomogramm in verkleinertem Maßstabe nach den

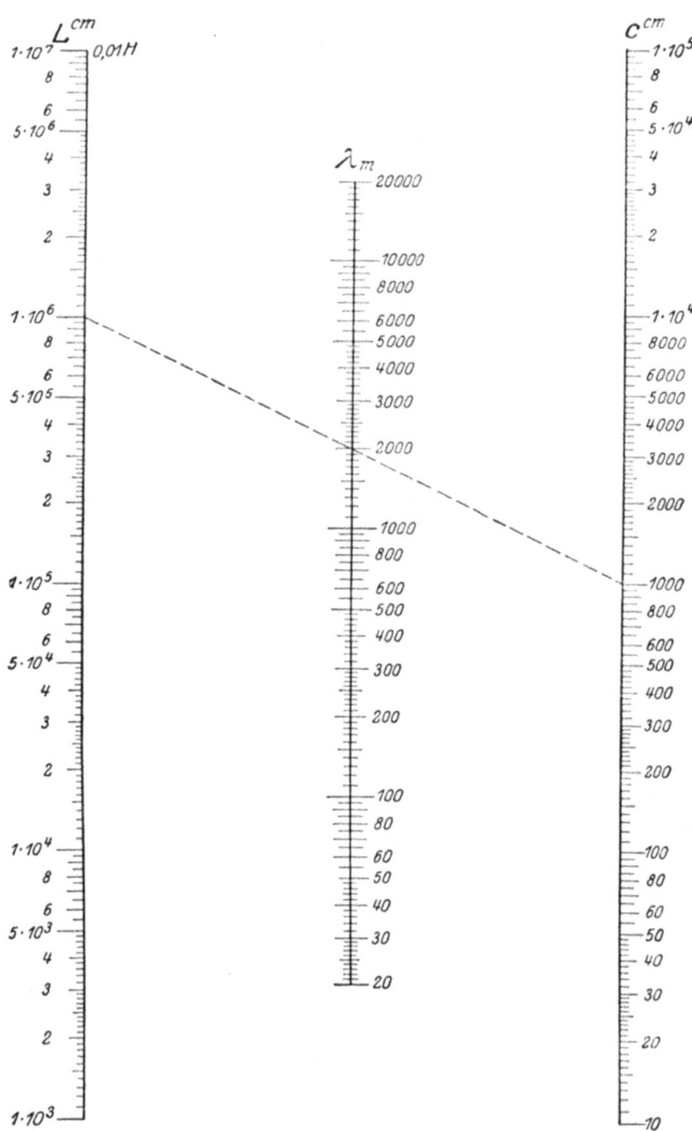

Abb. 24. Zusammenhang zwischen Wellenlänge λ_m in Metern, Selbstinduktion L_cm in Zentimetern und Kapazität C_cm in Zentimetern.

$$\lambda_\mathrm{m} = \frac{2\pi}{100} \sqrt{L_\mathrm{cm} \cdot C_\mathrm{cm}}.$$

eben gemachten Angaben gezeichnet. Wie man sich leicht überzeugen kann, liegen die Punkte $L = 1000$ cm, $C = 1000$ cm und $\lambda = 6280$ cm $= 62{,}8$ m auf einer Geraden. Aus dem Nomogramm findet man beispielsweise, daß eine Selbstinduktion von 10^6 cm und eine Kapazität von 10^3 cm eine Welle von ~ 2000 m (genau 1980 m) ergeben. Man kann aber auch umgekehrt jederzeit bestimmen, welchen Kondensator man mit einer gegebenen Selbstinduktion zusammenschalten muß, um eine vorgeschriebene Wellenlänge zu erhalten. Eine Menge Rechenarbeit läßt sich mit einer solchen Tafel ersparen, besonders dann, wenn man die Tafel dadurch noch etwas weiter ausgestaltet, daß man die Selbstinduktionsleiter als Doppelleiter ausgestaltet, d. h. noch mit einer weiteren Skala versieht, die die Selbstinduktionswerte in Henry bzw. Mikrohenry angibt. In gleicher Weise ist es bequem, an die λ-Leiter die Werte für die Frequenz ν und an die Kapazitätsleiter die Werte in Mikrofarad anzutragen. Dann hat man ein Universalnomogramm, dessen einmalige genaue Herstellung die aufgewandte Muhe reichlich entschädigen wird. Sollte es einmal vorkommen, daß beim Gebrauche des Nomogrammes die L- oder C-Werte größer sind als der Bereich der Skalen, so rechnet man einfach mit $\frac{1}{100}$ des gegebenen Wertes und multipliziert das Resultat für λ mit 10. Ist das gegebene L oder C dagegen zu klein, so rechnet man mit dem 100 fachen Wert und dividiert das Resultat für λ durch 10. Z. B. sei gegeben $L = 4 \cdot 10^7$ cm und $C = 50$ cm, gesucht ist λ. Da $L = 4 \cdot 10^7$ cm in dem gezeichneten Nomogramm nicht enthalten ist, rechnet man mit $L = 4 \cdot 10^5$ cm und $C = 50$ cm und findet dann für λ den Wert 280 m; also ist das gesuchte $\lambda = 2800$ m. Schließlich kann es noch vorkommen, daß der Wert von λ nicht mehr auf der Tafel verzeichnet ist, dann rechnet man mit dem 10 mal größeren oder kleineren Wert von λ, muß aber das für L oder C erhaltene Resultat mit 100 dividieren bzw. multiplizieren. Z. B. sei gegeben $\lambda = 28000$ m, $C = 5000$ cm, wie groß ist die zugehörige Selbstinduktion? Aus $\lambda = 2800$ m und $C = 5000$ cm findet man $L = 4 \cdot 10^5$ cm. Mithin ist $L = 4 \cdot 10^7$ cm.

In Abb. 25 ist für die Abhängigkeit der Wellenlänge λ von der Selbstinduktion L und der Kapazität C ein zweites Nomo-

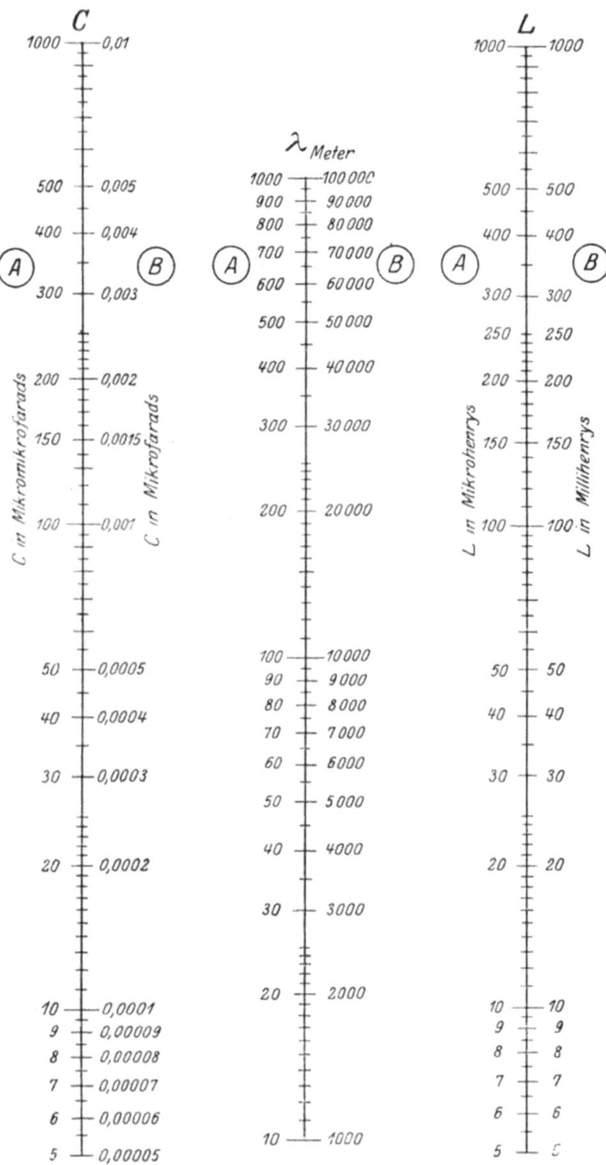

Abb. 25. Zusammenhang zwischen Wellenlänge λ_m in Metern, Selbstinduktion L in Mikrohenrys bzw. Millhenrys und Kapazität C in Mikromikrofarads bzw. Mikrofarads

$$\lambda_A = 1{,}884\,\sqrt{L_A \cdot C_A}, \qquad \lambda_B = 59\,570\,\sqrt{L_B \cdot C_B}.$$

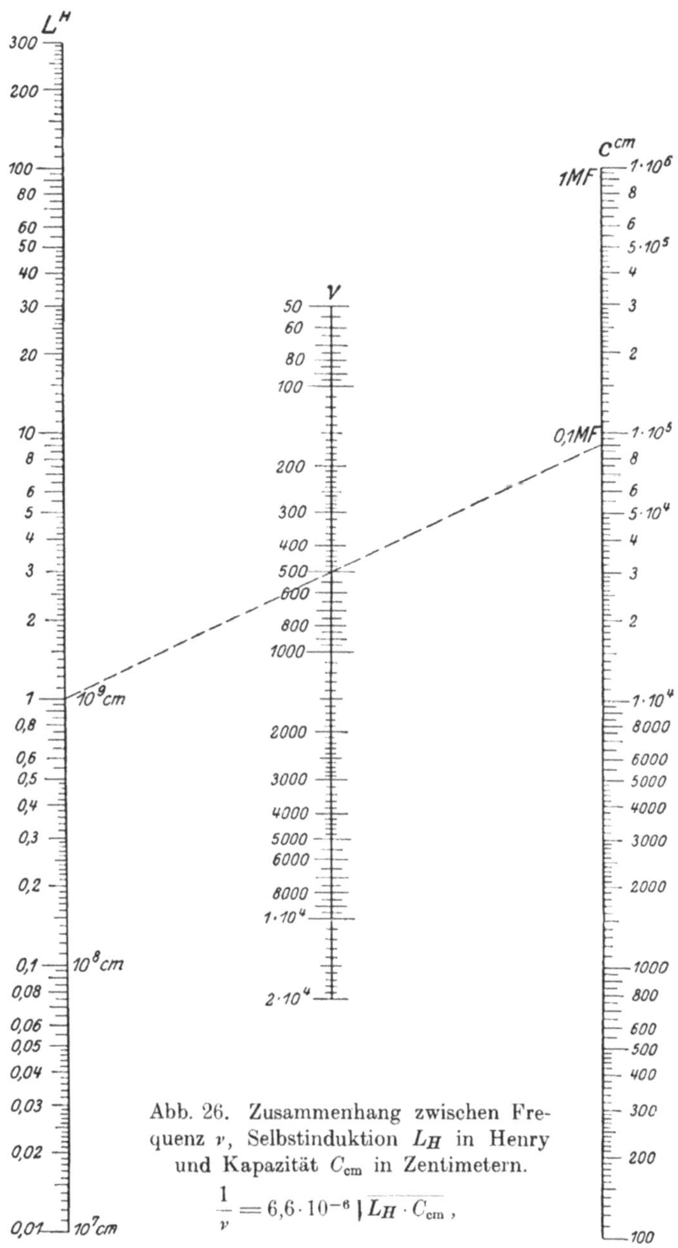

Abb. 26. Zusammenhang zwischen Frequenz ν, Selbstinduktion L_H in Henry und Kapazität C_{cm} in Zentimetern.

$$\frac{1}{\nu} = 6{,}6 \cdot 10^{-6}\,\sqrt{L_H \cdot C_{\mathrm{cm}}},$$

gramm abgedruckt[1]). Die drei Skalen sind doppelt beziffert und es gehören immer die Skalen mit gleichem Buchstaben, also entweder die A-Skalen oder die B-Skalen zusammen. Das Nomogramm A stellt die Beziehung

$$\lambda_{\text{Meter}} = 1{,}884 \; \sqrt{L_{\text{Mikrohenry}} \cdot C_{\text{Mikromikrofarad}}}$$

dar, gibt also die Abhängigkeit der Wellenlänge in Meter von der Selbstinduktion gemessen in Mikrohenry (μH) und der Kapazität gemessen in Mikromikrofarad ($\mu\mu$F) wieder, während das Nomogramm B die Beziehung

$$\lambda_{\text{Meter}} = 59\,570 \; \sqrt{L_{\text{Millihenry}} \cdot C_{\text{Mikrofarad}}}$$

darstellt, also die Abhängigkeit der Wellenlänge in Meter von der Selbstinduktion gemessen in Millihenry (mH) und der Kapazität gemessen in Mikrofarad (μF) wiedergibt. Gerade in der ausländischen Literatur werden ja Selbstinduktionen und Kapazitäten in diesen Maßeinheiten gemessen und leistet dann das obige Nomogramm zur Berechnung einer der drei Größen gute Dienste.

In Abb. 26 ist noch ein weiteres Nomogramm dargestellt für die Beziehung zwischen der Frequenz ν, der Selbstinduktion L und der Kapazität C eines Schwingungskreises gemäß der Gleichung

$$\frac{1}{\nu} = 2\,\pi \; \sqrt{L_H\,C_F} = 6{,}6 \cdot 10^{-6} \sqrt{L_H\,C_{\text{cm}}}.$$

Logarithmieren wir diese Gleichung, so finden wir

$$\log 1 - \log \nu = \log 6{,}6 \cdot 10^{-6} + \tfrac{1}{2} \log L_H + \tfrac{1}{2} \log C_{\text{cm}}$$

oder da $\log 1 = 0$ und $\log 6{,}6 \cdot 10^{-6}$ eine Konstante k ist,

$$- \log \nu = k + \tfrac{1}{2} \log L_H + \tfrac{1}{2} \log C_{\text{cm}}.$$

Vergleichen wir einmal diese Gleichung mit der Gleichung auf S. 32, so finden wir, abgesehen von dem Auftreten der Konstanten k, die ja nur eine Verschiebung der ν-Skala zur Folge hat, daß in diesem Falle der Wert $\log \nu$, der dem Wert $\log \gamma$ entspricht, ein Minuszeichen hat. Dies bedeutet, daß die Teilung der Leiter für ν in umgekehrtem Sinne verläuft wie bei den Leitern der L- und C-Werte. In Abb. 26 ist dies, wie man

---

[1]) Entnommen den Radio News, Februar 1925 S. 1431.

sieht, auch der Fall. Man hat also bei der Herstellung solcher Nomogramme auch auf das Vorzeichen der einzelnen Glieder der betreffenden Gleichung zu achten. Nur wenn alle Glieder

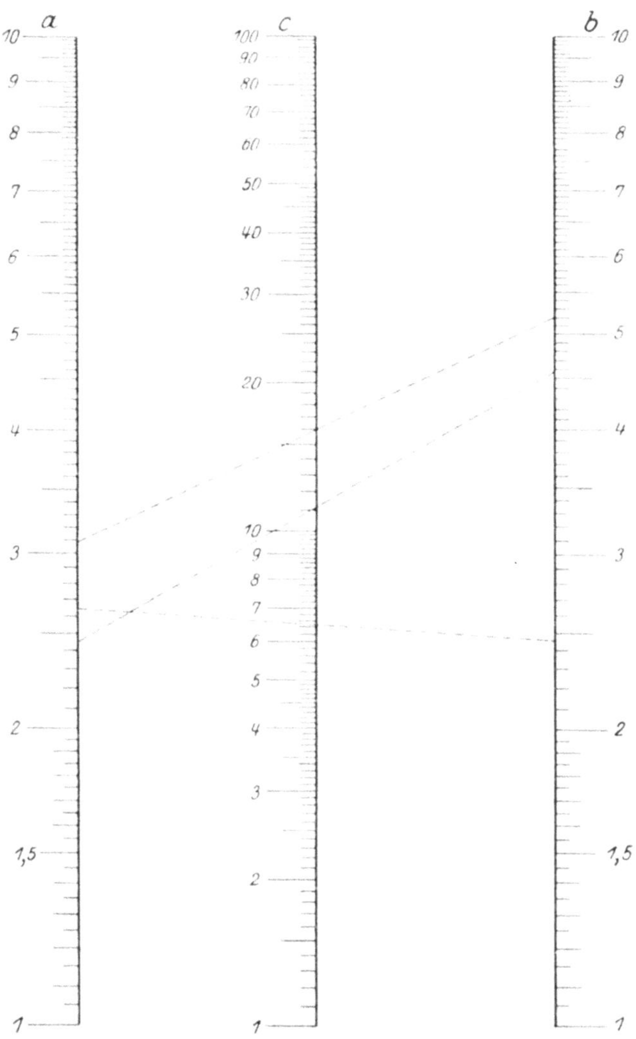

Abb. 27. Nomographische Multiplikations- und Divisionstafel
$$c = a \cdot b; \quad a = \frac{c}{b}.$$

der Gleichung gleiches Vorzeichen haben, verlaufen die Skalen in derselben Richtung. Hat ein Glied ein anderes Vorzeichen, so ändert sich damit die Richtung seiner Skala.

Bei den bisher besprochenen Nomogrammen hatten die drei zueinander parallelen Skalen stets die gleiche Teilung in demselben Maßstab. Es steht aber nichts im Wege, einer der Skalen eine andere Teilung zuzuteilen. Wenn wir z. B. in dem Nomogramm Abb. 22 die Teilung der mittleren Skala nach Längeneinheiten beziffern, die nur halb so lang sind als die Längeneinheiten der äußeren Skalen, so erhalten wir ein Nomogramm, das die Beziehungen darstellt $\gamma = \alpha + \beta$, d. h. wir lesen als Wert auf dem mittleren Maßstab immer die Summe der Werte auf den äußeren Maßstäben ab. Machen wir dasselbe in dem mit logarithmischer Teilung versehenen Nomogramm Abb. 23, so erhalten wir ein Nomogramm Abb. 27, das uns die Beziehung $\log c = \log a + \log b$ also die Gleichung $c = a \cdot b$ darstellt, und uns somit eine Multiplikationstafel liefert, bzw. da $\frac{c}{a} = b$ oder $\frac{c}{b} = a$ ist, auch als Divisionstafel benutzt werden kann. Man findet beispielsweise aus diesem Nomogramm zu den Werten $a = 2{,}45$ und $b = 4{,}56$ den Wert $c = a \cdot b = 11{,}2$ oder zu den Werten $a = 2{,}64$ und $c = 6{,}5$ den Wert $b = \frac{c}{a} = 2{,}46$, was recht gut stimmt.

Dieses soeben besprochene Nomogramm können wir auch praktisch als Tafel für das Ohmsche Gesetz benutzen, das uns ja bekanntlich durch die Gleichung $i = \frac{e}{w}$ bzw. $e = i \cdot w$ gegeben ist, wo i' die Stromstärke in Ampere in einem Kreis mit dem Widerstand w Ohm bedeutet, wenn in dem Stromkreis eine Stromquelle mit der elektromotorischen Kraft (Spannung) e Volt liegt. Wir haben nur die Stromstärke mit a, die Spannung mit c und den Widerstand mit b zu bezeichnen, um das Nomogramm Abb. 27 verwenden zu können. Man findet dann z. B., daß eine Spannungsquelle von 16 Volt, die über einen Stromkreis von $b = 5{,}2$ Ohm geschlossen wird, durch diesen Stromkreis einen Strom von $a = 3{,}09$ Ampere liefert. Auch hier gilt wieder wie oben, daß wenn die gegebenen Werte größer oder kleiner als der Meßbereich der Skalen sind, man mit den 10 mal kleineren oder größeren Werten rechnen kann und dann nur das Resultat mit 10 zu multiplizieren oder durch 10 zu dividieren hat.

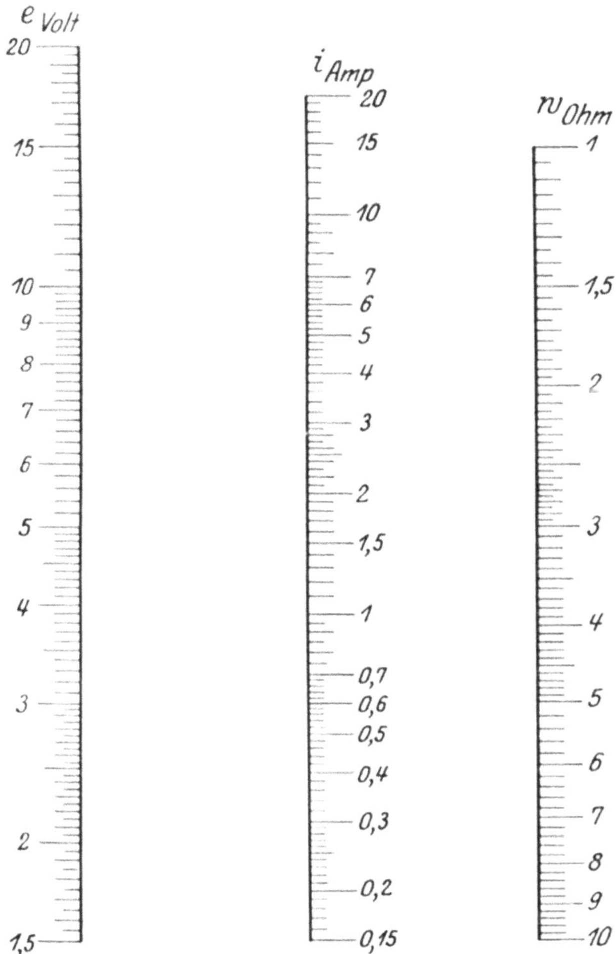

Abb. 28. Nomogramm für das Ohmsche Gesetz

$$i_{\mathrm{Amp}} = \frac{e_{\mathrm{Volt}}}{w_{\mathrm{Ohm}}}. \; {}^{1)}$$

---

[1]) Bereits von Luckey l. c in dieser Form angegeben.

In Abb. 28 ist noch ein weiteres Nomogramm für das Ohmsche Gesetz gezeichnet, bei dem die Reihenfolge der Skalen eine andere ist. Es soll hier nicht näher auf die Konstruktion dieses Nomogramms eingegangen werden, da sie der Leser selbst finden möge. Als Hinweis diene nur folgendes. Das Nomogramm Abb. 27 entstand auf Grund der Gleichung $c = a \cdot b$ oder $\log c = \log a + \log b$. Die Skala mit den c-Werten liegt in der Mitte zwischen den Skalen mit den a- und b-Werten und alle drei Skalen haben gleiche Richtung. Das Nomogramm Abb. 28 ist auf Grund der Gleichung $i = \dfrac{e}{w}$ oder $\log i = \log e - \log w$ gezeichnet. Die i-Skala liegt jetzt zwischen der e- und w-Skala und infolge des Minuszeichens hat die w-Skala entgegengesetzte Richtung.

Bekanntlich hängt der elektrische Widerstand eines Drahtes von seiner Länge l, seinem Querschnitt q und dem Material, aus dem der Draht besteht, ab und zwar nach der Formel:

$$w = \varrho\,\frac{l}{q}\ \text{Ohm},$$

wo ϱ der spezifische Widerstand des Materials, also eine Materialkonstante bedeutet. Führen wir statt des Querschnittes q den Drahtdurchmesser d ein, so ist

$$w = \frac{4\,\varrho\,l}{\pi\,d^{2}}\ \text{Ohm}.$$

In vielen Fällen ist es nun schon wertvoll, zu wissen, wieviel Ohm Widerstand ein Draht von 1 Meter Länge hat, wenn sein Durchmesser d mm und sein spezifischer Widerstand ϱ ist. Für die dann geltende, vereinfachte Formel $w = \dfrac{4\,\varrho}{\pi\,d^{2}}$ läßt sich, win Abb. 29 zeigt, ein recht brauchbares Diagramm herstellen. Die Entstehung desselben wird der Leser leicht erkennen. Die obige Gleichung $w = \dfrac{4\,\varrho}{\pi\,d^{2}}$ läßt sich ja auch in der Form schreiben

$$d = \sqrt{\frac{4}{\pi}\frac{\varrho}{w}} = \sqrt{\frac{4}{\pi}} \cdot \sqrt{\frac{\varrho}{w}}.$$

Da $\sqrt{\dfrac{4}{\pi}}$ ein konstanter Faktor ist, können wir jetzt nach den

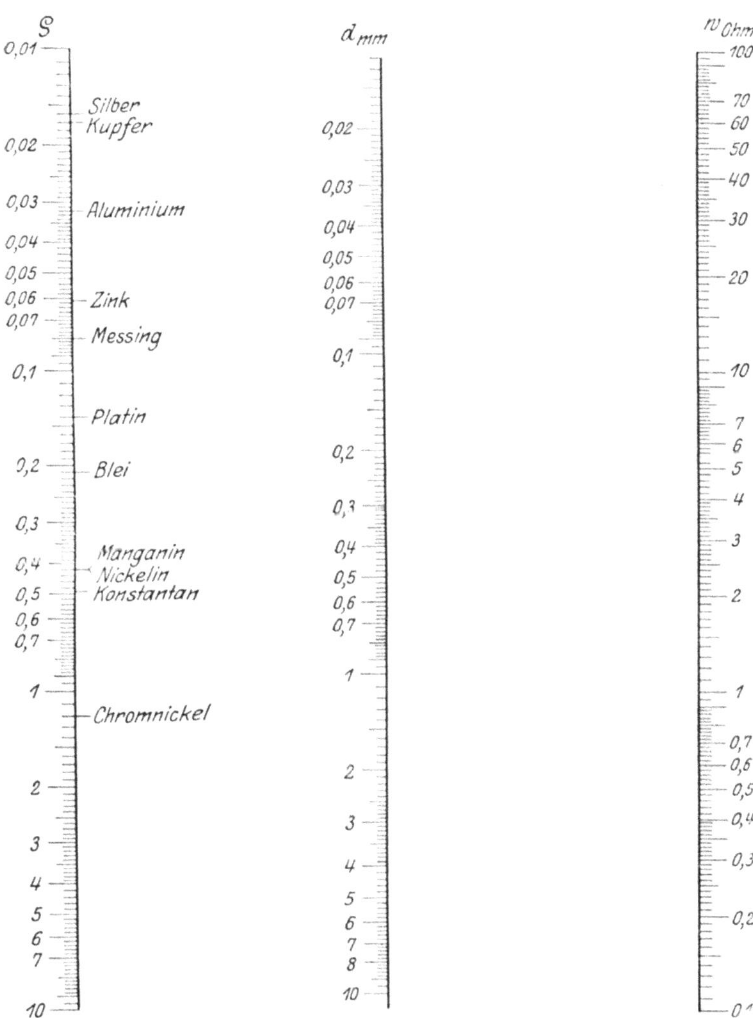

Abb. 29. Zusammenhang zwischen spezifischem Widerstand ϱ, Widerstand w_{Ohm} in Ohm pro Meter und Durchmesser d_{mm} in Millimeter eines Drahtes von kreisförmigem Querschnitt.

$$w_{Ohm} = \frac{4\,\varrho}{\pi\,d^2}.$$

Ausführungen auf S. 32 ein Nomogramm hierfür zeichnen. Logarithmieren liefert zunächst

$$\log d = \frac{1}{2} \log \frac{4}{\pi} + \frac{1}{2} \log \varrho - \frac{1}{2} \log w \, .$$

Die Skalen dieses Nomogramms erhalten demnach gemäß den Ausführungen auf S. 31 alle die gleiche Teilung. Die w-Skala ist infolge des Minuszeichens entgegengesetzt gerichtet und der Anfangspunkt der d-Skala muß um den Betrag $\sqrt{\frac{4}{\pi}}$ (zu messen mit dem logarithmischen Maßstab) nach unten verschoben werden, d. h. die Verbindungslinie der Punkte $\varrho = 1$ und $w = 1$ geht nicht durch den Punkt 1, sondern durch den Punkt $d = \sqrt{\frac{4}{\pi}} = 1{,}12$; in die ϱ-Skala sind die gebräuchlichsten Metalle direkt eingetragen. Man findet beispielsweise aus der Tafel, daß ein 1 Meter langer Kupferdraht von 0,1 mm Durchmesser einen elektrischen Widerstand von 2,1 Ohm hat, während derselbe Draht aus Manganin einen Widerstand von 52,5 Ohm aufweist. Sollte die Tafel in einzelnen Fällen nicht ausreichen, so kann man mit dem 10 mal kleineren oder größeren Wert von d arbeiten, muß aber das Resultat durch 100 dividieren, bzw. mit 100 multiplizieren. Will man z. B. den Widerstand eines 0,05 mm starken Konstantandrahtes bestimmen, so findet man die w-Skala als zu klein. Man rechnet daher mit $d = 0{,}5$ mm und findet dazu $w = 2{,}5$ Ohm. Diesen Wert hat man nun mit 100 zu multiplizieren, so daß sich als wahrer Wert $w = 250$ Ohm ergibt.

Zwei weitere praktische Tafeln findet der Leser in den Abb. 30 und 31 dargestellt. Erstere gibt die Beziehung zwischen Wechselstromwiderstand w, Selbstinduktion L und Frequenz ν wieder, stellt also die Gleichung $w_L = 2\,\pi\,\nu\,L$ nomographisch dar, während Abb. 31 das gleiche für den Fall der Kapazität zeigt, also die Gleichung $w_C = \dfrac{1}{2\,\pi\,\nu\,C}$ nomographisch wiedergibt. Vergleicht man einmal diese beiden Nomogramme mit der Netztafel Abb. 19, in der wir ja die gleichen Beziehungen wiedergaben, so erkennt man ohne weiteres die große Übersichtlichkeit, die die zuletzt entworfenen Nomogramme gegenüber den früher behandelten Netztafeln haben. Während es bei den letzteren sehr leicht vorkommen kann, daß man sich in dem Netzwerk

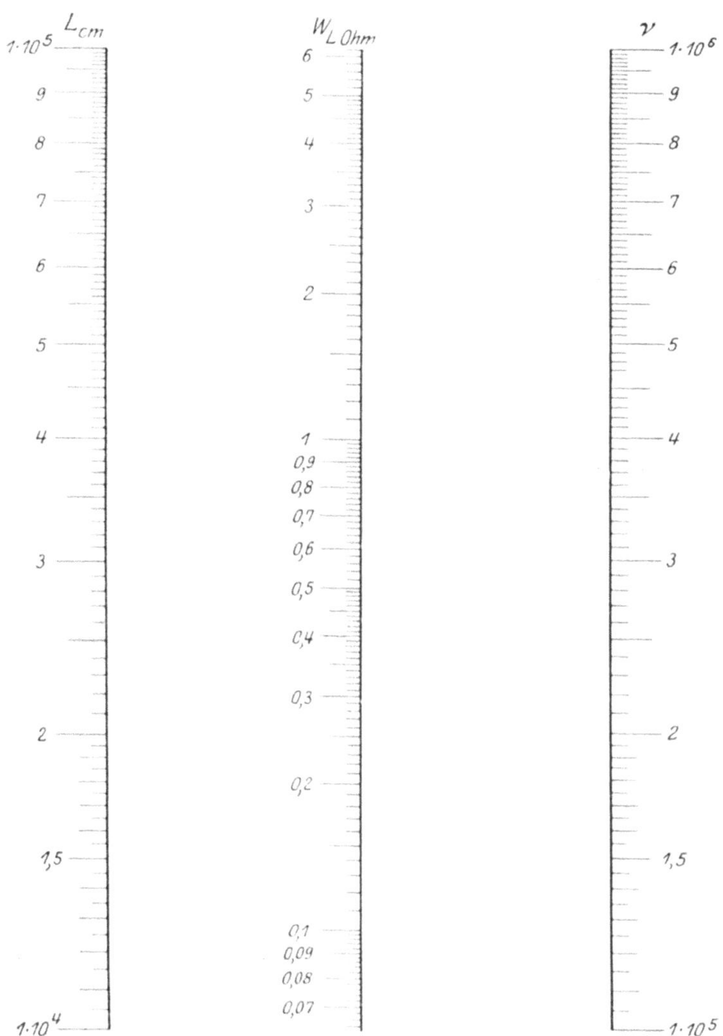

Abb. 30. Zusammenhang zwischen induktivem Widerstand (Induktanz) w_L in Ohm, Selbstinduktion L_{cm} in Zentimetern und Frequenz ν.
$$w_L = 2\,\pi\,\nu \cdot L_{cm} \cdot 10^{-9}\ \text{Ohm}.$$

verirrt und auf eine falsche Linie kommt, geschieht hier das Suchen ganz einwandfrei, und ist ein Irrtum so gut wie ausgeschlossen.

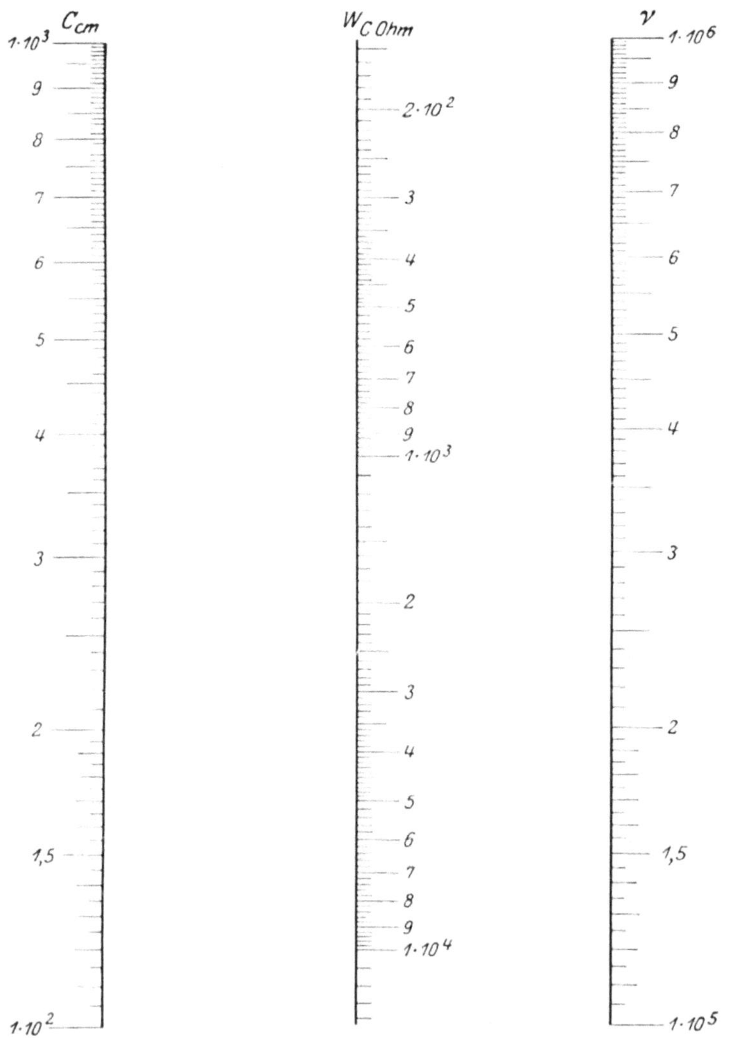

Abb. 31. Zusammenhang zwischen kapazitivem Widerstand (Reaktanz) w_C in Ohm, Kapazität C_{cm} in Zentimetern und Frequenz ν.

$$w_C = \frac{9 \cdot 10^{11}}{2\,\pi\,\nu\,C_{cm}}\ \text{Ohm}.$$

Bei den Netztafeln wurden die drei veränderlichen Größen (z. B. λ, L und w_L in Abb. 19 durch drei Scharen bezifferter Geraden oder Kurven dargestellt und gehörten jedesmal dann drei Werte der Veränderlichen zusammen, wenn die mit ihnen bezifferten Kurven oder Geraden durch einen Punkt gingen. Anders ist es aber bei den zuletzt hier behandelten Nomogrammen. Hier treten die drei Veränderlichen (z. B. ν, L und w_L in Abb. 30) in drei bezifferten Punktreihen auf und genügen nur dann der durch das Nomogramm dargestellten Gleichung (in diesem Falle $w = 2 \pi \nu L$), wenn die mit diesen Zahlenwerten bezifferten Punkte auf einer Geraden oder, wie man auch sagt, auf einer Flucht liegen. Daher werden diese Nomogramme vielfach Fluchttafeln genannt. Diese Flucht, auf der die drei Werte liegen müssen, bilden wir in der Praxis mit dem Lineal, das wir über die Tafel legen, um durch die Verbindung der zwei gegebenen Werte den gesuchten dritten zu finden. Statt eines Lineals, das den Nachteil hat, leicht einen Teil der Zahlen an den Skalen zu verdecken, kann man auch einen dünnen schwarzen Faden benutzen, den man so über das Nomogramm spannt, daß er durch die gegebenen Werte hindurchgeht. Dann läßt sich mit sehr großer Genauigkeit der gesuchte Wert an der dritten Skala ablesen. Statt des Fadens oder Lineals ist sehr eine durchseitige Zelluloidplatte zu empfehlen, auf die man eine feine Gerade eingeritzt hat. Beim Arbeiten mit den Fluchtentafeln ist es nämlich unbedingt erforderlich, daß das Blatt, auf dem die Tafel gezeichnet ist, keinerlei Verzerrungen unterworfen ist, sondern gut eben aufliegt, damit die Fluchtrichtigkeit der Punkte gewahrt bleibt. Dies ist wieder ein gewisser Nachteil der Fluchttafeln gegenüber den Netztafeln, die man ja beliebig dehnen oder knicken kann, ohne daß ihre Brauchbarkeit bzw. Genauigkeit dadurch beeinträchtigt wird.

Bevor wir diesen Abschnitt verlassen, wollen wir noch einen kurzen Rückblick auf das bisher Erreichte werfen und das Ergebnis in einen allgemeinen Satz zusammenfassen. Wenn uns drei Veränderliche etwa α, β und γ gegeben sind und zwischen diesen irgendeine funktionale Beziehung, also eine Gleichung, besteht, so können wir diese Beziehung durch ein Nomogramm, aus drei parallelen Funktionsleitern bestehend, immer dann darstellen, wenn wir die Gleichung auf die allgemeine Form bringen können:

$$f(\gamma) = A f(\alpha) + B f(\beta) + C,$$

worin A, B, C konstante Größen sind, und zwar ist

$$A = \frac{n}{m+n} \cdot \frac{l_1}{l_3} \qquad B = \frac{m}{m+n} \cdot \frac{l_2}{l_3}.$$

Hier bedeutet m den Abstand der γ-Leiter von der α-Leiter und n den Abstand der γ-Leiter von der β-Leiter, wobei die γ-Leiter immer zwischen der α- und β-Leiter liegen soll. l_1, l_2 und l_3 sind die Längeneinheiten der Funktionsleitern. C gibt die Verschiebung der γ-Leiter gegenüber den beiden andern Leitern. Den genauen mathematischen Beweis dieses Satzes wollen wir hier nicht bringen; wenn sich der Leser dafür interessiert, sei er auf das Büchlein von Luckey, Einführung in die Nomographie, S. 31, verwiesen. Wir wollen uns nur den Satz an einer bestimmten Gleichung etwas klar machen und wählen die oben in Abb. 29 dargestellte Beziehung

$$w = \frac{4\,\varrho}{\pi\,d^2}.$$

Wenn wir diese Gleichung logarithmieren, erhalten wir

$$\log w = \log \frac{4}{\pi} + \log \varrho - 2 \log d$$

oder

$$\log d = \frac{1}{2} \log \varrho - \frac{1}{2} \log w + \frac{1}{2} \log \frac{4}{\pi}.$$

Es ist also jetzt

$$\log d = f(\gamma), \quad \log \varrho = f(\alpha) \quad \text{und} \quad \log w\, f(\beta)$$

$$\frac{1}{2} = A = \frac{n}{m+n} \cdot \frac{l_1}{l_3}, \quad \frac{1}{2} = B = \frac{m}{m+n} \cdot \frac{l_2}{l_3}, \quad \frac{1}{2} \cdot \log \frac{4}{\pi} = C = \log \sqrt{\frac{4}{\pi}}.$$

Wählen wir nun $m = n$, legen wir somit die d-Skala in die Mitte zwischen die ϱ- und w-Skala, und machen wir die Längeneinheit dieser beiden Skalen gleich, also $l_1 = l_2$, so wird

$$\frac{1}{2} = A = \frac{1}{2} \cdot \frac{l_1}{l_3} \qquad \frac{1}{2} = B = \frac{1}{2} \cdot \frac{l_1}{l_3},$$

d. h. $l_1 = l_2 = l_3$; die Längeneinheit der d-Skala ist dieselbe wie die der ϱ- und w-Skala. Dies ist ja auch in dem Nomogramm Abb. 29 der Fall. $C = \log \sqrt{\dfrac{4}{\pi}}$ gibt uns an, um wieviel der Anfangspunkt der

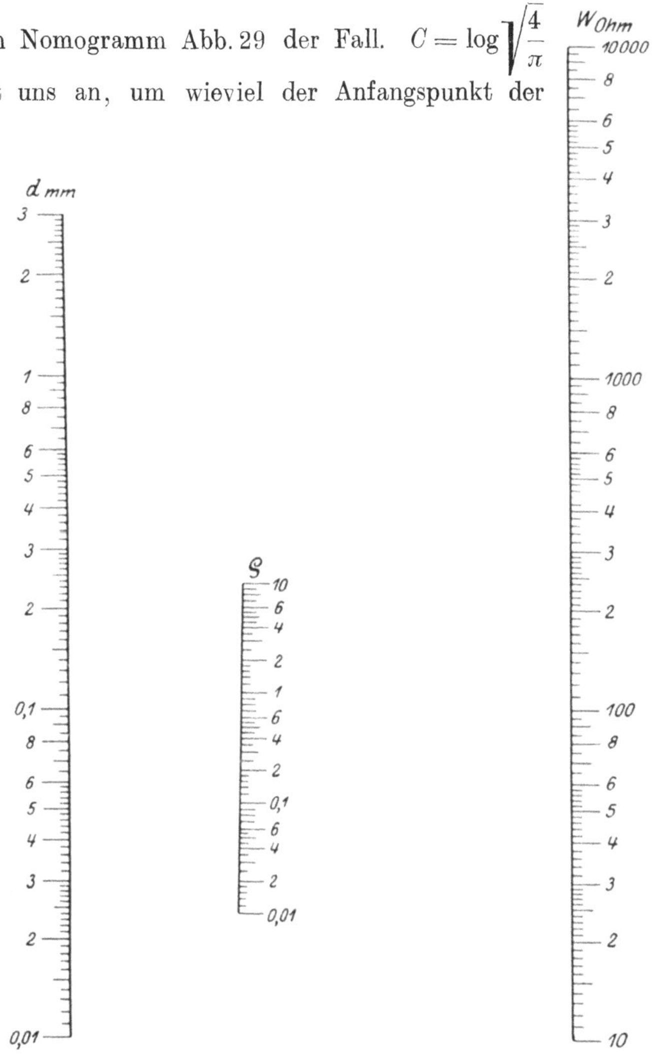

Abb 32. Zusammenhang zwischen spezifischem Widerstand ϱ, Widerstand w_{Ohm} in Ohm pro Meter und Durchmesser d_{mm} in Millimeter eines Drahtes von kreisformigem Querschnitt[1])

$$w_{\mathrm{Ohm}} = \frac{3\,\varrho}{\pi\,d^2}.$$

---

[1]) In dieser Ausfuhrung bereits von R o s e n b e r g e r , Jahrb. fur drahtl Telegraphie, Bd 21, angegeben

d-Skala gegen die Verbindungslinie der Anfangspunkte der beiden anderen Skalen zu verschieben ist, in diesem Falle nämlich um die Strecke $\sqrt{\dfrac{4}{\pi}}$ in logarithmischem Maßstab gemessen. Diesen Wert muß man natürlich stets ausrechnen, und ist dies auf S. 33 ausführlich besprochen worden.

Wir können nun aber die Gleichung $w = \dfrac{4\,\varrho}{\pi d^2}$ noch durch ein etwas anderes Nomogramm darstellen, wenn wir als Ausgangspunkt die durch Logarithmieren entstandene Gleichung

$$\log \varrho = 2 \log d + \log w + \log \frac{4}{\pi}$$

wählen. Hier ist jetzt

$$\log \varrho = f(\gamma), \qquad \log d = f(\alpha), \qquad \log w = f(\beta)$$

$$2 = A = \frac{n}{m+n} \cdot \frac{l_1}{l_3} \qquad 1 = B = \frac{n}{m+n} \cdot \frac{l_2}{l_3} \qquad \log \frac{4}{\pi} = C.$$

Machen wir einmal $m = 1$ und $n = 2$, legen wir also die ϱ-Skala so zwischen die d- und w-Skala, daß sie den Abstand im Verhältnis $1:2$ teilt, so wird

$$2 = A = \frac{2}{3} \frac{l_1}{l_3} \qquad 1 = B = \frac{1}{3} \frac{l_2}{l_3} \qquad \text{d. h. } l_3 = \frac{1}{3} l_1 = \frac{1}{3} l_2.$$

Wir haben demnach die d- und w-Skala mit gleichen (logarithmischen Maßstäben zu versehen, der ϱ-Skala aber einen $\frac{1}{3}$ so großen Maßstab zuzuteilen. Dies so entstehende Nomogramm ist in Abb. 32 wiedergegeben. Es liefert uns natürlich ganz dieselben Ergebnisse wie das Nomogramm Abb. 29, soll aber zeigen, daß man ein und dieselbe Gleichung oft auf verschiedene Weise nomographisch darstellen kann. Welche Art der Darstellung man in der Praxis wählt, kann man nur von Fall zu Fall entscheiden. Die Wahl des Verhältnisses $m:n$ und damit im Zusammenhang die des Verhältnisses der Maßstäbe auf den Skalen ist theoretisch ganz willkürlich. Bei Benutzung logarithmischer Maßstäbe stehen uns aber in der Praxis nur wenige Größenmuster fertiger Maßstäbe zum Abzeichnen zur Verfügung. Darauf wird man vor allem Rücksicht nehmen müssen, da es sehr zeitraubend ist, erst noch eine besondere Teilung zu entwerfen.

6. Nomogramme für mehr als drei Veränderliche.

Die bisher behandelten Fluchtentafeln stellen stets nur eine
Beziehung zwischen drei Veränderlichen dar. Vielfach und besonders auch in der Radiotechnik kommt es jedoch vor, daß
wir Gleichungen mit mehr als drei Veränderlichen zu lösen haben.
Wir wählen als Beispiel gleich einen praktischen Fall. Der
effektive Widerstand $\Re$ eines Schwingungskreises bei Resonanz
hängt ab von der Induktivität L in cm, der Kapazität C in cm
und dem Verlustwiderstand w in Ohm nach der Gleichung:

$$\Re = \frac{900\,L}{w\,C}.$$

Man kann also mittels dieser Formel den effektiven Wechselstromwiderstand eines Schwingungskreises für den Fall der Resonanz aus den Einzeldaten des Kreises berechnen, und zwar
gilt die Formel für Dampfungen, die kleiner als 1 sind; sie
ist demnach eine Näherungsformel, die aber sehr gute Dienste
leistet.

Setzen wir in der Gleichung $w \cdot C = Z$, so ist $\Re = \dfrac{900\,L}{Z}$.
Wir haben damit unsere ursprüngliche Gleichung mit den vier
Veränderlichen in zwei Gleichungen mit je drei Veränderlichen
zerlegt, können also jede dieser beiden Gleichungen durch ein
Nomogramm in bekannter Weise darstellen und dann beide
Nomogramme zu einem gemeinsamen dadurch vereinigen, daß
wir als Z-Skala für beide Nomogramme dieselbe Linie wählen.
Ein auf diese Weise entstandenes Nomogramm ist in Abb. 33
dargestellt. Bei der praktischen Konstruktion eines solchen Nomogrammes verfährt man am besten folgendermaßen: Man stellt
zunächst für die Gleichung $Z = w \cdot C$ ein Nomogramm nach den
Ausfuhrungen der S. 40 her. Zu diesem Zweck zeichnet man
in gleichem Abstand drei parallele Geraden und trägt auf den
beiden äußeren je eine logarithmische Teilung mit gleichem
Maßstab ab. Die linke Skala möge die C-Werte, die rechte die
w-Werte darstellen. Dabei ist wieder der Zahlenbereich zu berücksichtigen, für den das Nomogramm gelten soll. Die Teilung auf der Z-Geraden, die ja in der Mitte zwischen der C-
und w-Skala verlauft, kann man sich nun ganz ersparen, denn

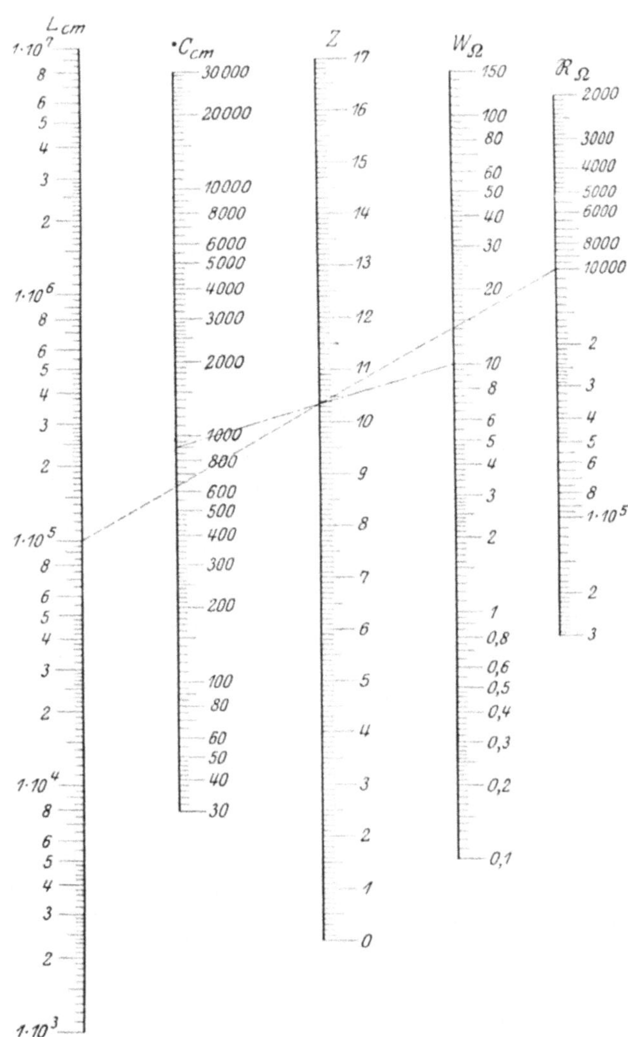

Abb. 33. Zusammenhang zwischen dem effektiven Widerstand $\Re$ in Ohm eines Schwingungskreises bei Resonanz, der Selbstinduktion L_{cm} in Zentimetern, der Kapazität C_{cm} in Zentimetern und dem Verlustwiderstand w_Ω in Ohm[1])

$$\Re_{Ohm} = \frac{900\, L_{cm}}{w_{Ohm}\, C_{cm}}$$

[1]) In dieser Form bereits von Rosenberger l c angegeben

das Nomogramm für die zweite Gleichung $\Re = \dfrac{900\,L}{Z}$ oder anders geschrieben $Z = 900\,L \cdot \Re$, das wir jetzt herzustellen haben, besteht ja auch aus drei parallelen Skalen, und zwar wird die Z-Skala wieder zwischen die L- und $\Re$-Skala zu liegen kommen. Geben wir diesen beiden letzteren die gleiche logarithmische Teilung wie der C- und w-Skala des ersten Nomogramms, so wird auch die Z-Gerade die gleiche Teilung wie beim ersten Nomogramm erhalten. Wir zeichnen daher in gleichem Abstand auf beiden Seiten der Z-Geraden des ersten Nomogramms zwei weitere parallele Geraden und tragen auf einer der beiden, etwa der linken, die gleiche logarithmische Teilung auf, wie wir sie auf der C- und w-Skala aufgetragen haben. Diese neue Skala möge die L-Werte darstellen. Nun verbinden wir zwei Punkte der w- und C-Skala miteinander, etwa den Punkt $w = 10$ und den Punkt $C = 900$. Dadurch erhalten wir einen Schnittpunkt auf der Z-Geraden. Verbinden wir diesen Schnittpunkt mit dem Punkt 10^5 auf der L-Skala, so schneidet diese neue Verbindungslinie die $\Re$-Gerade in einem Punkte, der gemäß der Ausgangsgleichung $\Re = \dfrac{900\,L}{w \cdot C}$ auf Grund der eben benutzten Werte die Bezifferung $\Re = \dfrac{900 \cdot 10^5}{10 \cdot 900} = 10^4$ erhalten muß. Jetzt können wir ohne weiteres auch die noch fehlende Teilung auf der $\Re$-Geraden einzeichnen, denn durch den soeben bestimmten Punkt $\Re = 10^4$ ist sie ja völlig festgelegt, und aus der Gleichung $Z = 900\,L \cdot \Re$ wissen wir, daß sie dieselbe logarithmische Teilung erhält, wie die L-Skala. Für den praktischen Gebrauch des Nomogramms ist es dann noch vorteilhaft, der Z-Skala eine beliebige gleichförmige Teilung zu geben, wie dies auch in Abb. 33 geschehen ist. Sind jetzt drei Werte gegeben, etwa $w = 10$ Ohm, $C = 900$ cm und $L = 1 \cdot 10^5$ cm und soll der Wert für $\Re$ bestimmt werden, so haben wir in dem Nomogramm die Punkte $w = 10$ und $C = 900$ miteinander zu verbinden. Die Verbindungslinie liefert uns auf der Z-Geraden den Punkt 10,41. Diesen Punkt haben wir jetzt mit dem gegebenen L-Wert, z. B. $L = 1 \cdot 10^5$ cm, zu verbinden, dann geht die Verbindungslinie durch den gesuchten Wert $\Re = 10000$ Ohm auf der $\Re$-Skala. Zu diesem Zweck hat man praktisch das

Lineal, das zuerst in die Lage der Verbindungslinie der beiden gegebenen w- und C-Werte gebracht wird, um den Schnittpunkt mit der Z-Geraden als Drehpunkt oder Zapfen so weit zu drehen, bis seine Kante den Wert der dritten gegebenen Veränderlichen (in diesem Falle $L = 1 \cdot 10^5$ cm) trifft. Am Schnittpunkt der Linealkante mit der vierten Skala, der $\Re$-Skala, ist dann das Resultat abzulesen. Die Hilfslinie Z heißt deshalb auch vielfach Zapfenlinie. Sollte in der Fluchtentafel Abb. 33 der Meßbereich einer Skala nicht ansreichen, also das gegebene C oder w größer (kleiner) als der größte (kleinste) auf der Tafel verzeichnete Wert sein, so rechnet man mit einem 10 mal kleineren (größeren) Wert als den gegebenen und dividiert (multipliziert) das Resultat durch (mit) 10. Ist dagegen das gegebene L zu groß (klein), so rechnet man mit einem 10 mal kleineren (größeren) Wert und mulipliziert (dividiert) das Resultat mit (durch) 10. Z. B. seien gegeben die Werte $L = 2000$ cm, $C = 40\,000$ cm und $w = 1$ Ohm. Da 40 000 auf der C-Skala nicht enthalten ist, rechnen wir mit dem 10 mal kleineren Wert $C = 4000$ cm. Verbinden wir diesen Punkt der C-Skala mit dem Punkt 1 auf der w-Skala, so schneidet die Verbindungslinie die Z-Gerade im Punkte 9,35. Wollen wir jetzt diesen Punkt mit dem Punkte 2000 cm auf der L-Skala verbinden, so finden wir, daß diese Verbindungslinie die Skala nicht mehr auf dem Bereich der Tafel trifft. Wir rechnen daher mit dem 10 mal größeren Wert von L, nämlich 20 000, und finden durch Verbindung dieses Punktes mit dem Punkte 9,35 auf der Z-Geraden den Wert $\Re = 5400$. Diesen Wert haben wir nun zweimal durch 10, also durch hundert zu dividieren, so daß das Endresultat sich zu $\Re = 54$ Ohm ergibt.

Als weiteres Beispiel ist in Abb. 34 ein Nomogramm dargestellt zur Berechnung der Kapazität (in cm) eines Kondensators, der aus n Platten mit der wirksamen Fläche F (in cm^2) besteht, wenn der Abstand zweier Platten, also die Dicke des Dielektrikums, a mm beträgt. Das Nomogramm gilt nur für Kondensatoren mit Luft als Dielektrikum ($\varepsilon = 1$); für Kondensatoren mit einem anderen Dielektrikum sind die erhaltenen Kapazitätswerte mit der betreffenden Dielektrizitätskonstanten noch zu multiplizieren. Die Gleichung, nach der sich die Kapazität eines Kondensators berechnen läßt und die durch das in

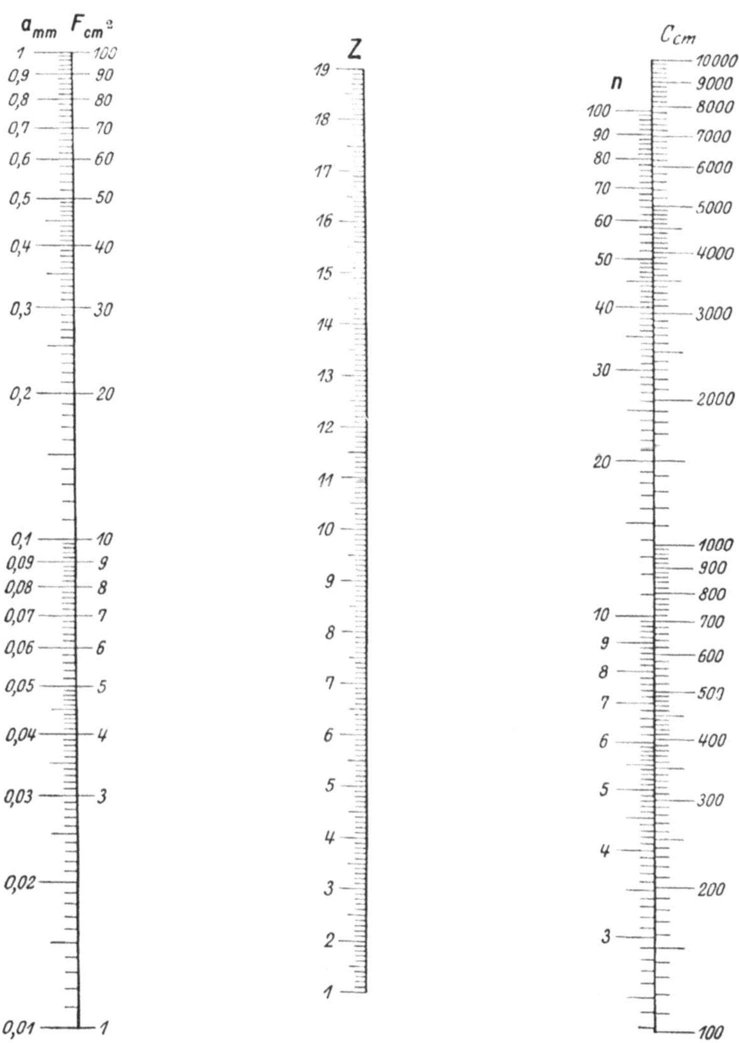

Abb. 34. Zusammenhang zwischen der Kapazität C_{cm} in Zentimetern eines Plattenkondensators, der wirksamen Oberfläche F der Platten in Quadratzentimetern, der Anzahl n der Platten und dem in Millimeter gemessenen Plattenabstand a.

$$C_{cm} = \frac{F(n-1)}{0,4 \cdot \pi \cdot a}.$$

Abb. 34 gezeichnete Nomogramm graphisch dargestellt ist, lautet:

$$C = \frac{F(n-1)}{0,4\,\pi\,a},$$

wo C, F, n und a die oben angegebene Bedeutung haben. In Abb. 34 ist für die a- und F-Skala und ebenso für die n- und C-Skala je eine gemeinsame Gerade als Träger gewählt. Die obige Gleichung für C ist in die beiden Gleichungen

$$Z = F(n-1) \qquad \text{und} \qquad C = \frac{Z}{0,4\,\pi\,a}$$

zerlegt worden. Die Entstehung des Nomogramms wird sich der Leser nach der vorausgegangenen ausführlichen Beschreibung der Konstruktion des Nomogramms Abb. 33 selbst erklären können. Die Benutzung der Tafel geht dann etwa so vor sich, daß man beispielsweise aus den gegebenen F- und n-Werten erst die Hilfsgröße Z — deren numerischer Wert auch hier wieder ganz ohne Belang ist — bestimmt und darauf aus Z und a die gesuchte Kapazität ermittelt. Zwei Zahlenbeispiele mögen dies erläutern. Gegeben $F = 5$ cm, $n = 33$ und $a = 0,03$ mm. Lösung: $F = 5$ und $n = 33$ im Nomogramm geradlinig miteinander verbunden ergeben $Z = 10,27$; dieser Wert mit $a = 0,03$ verbunden ergibt $C = 4200$. 2. Es soll ein Blockkondensator von $C = 2000$ cm Kapazität angefertigt werden. Wieviel Stanniolblätter im Format von 4 cm wirksamer Oberfläche sind hierzu erforderlich, wenn als Dielektrikum paraffiniertes Papier von 0,05 mm Stärke verwendet wird?

Lösung: Da für paraffiniertes Papier die Dielektrizitätskonstante $\varepsilon = 2$ zu setzen ist, haben wir mit $C = \dfrac{2000}{2} = 1000$ cm zu rechnen. Für $C = 1000$ und $a = 0,05$ liefert das Nomogramm $Z = 8,32$; dieser Wert gibt in Verbindung mit $F = 4$ die gesuchte Blattzahl $n = 17$. Diese beiden Beispiele dürften genügen, um die große Ersparnis an Rechenarbeit und das bequeme Arbeiten mit solchen Nomogrammen zu verdeutlichen.

Die Selbstinduktion L einer Spule mit der Gesamtwindungszahl N und dem mittleren Durchmesser D berechnet sich am genauesten nach der Formel von Korndörfer[1]):

---

[1]) Siehe z. B. Spreen: „Die physikalischen Grundlagen der Radiotechnik", 3. Aufl., S. 62 Berlin: Julius Springer 1925.

$$L = 10{,}5\,N^2 \cdot D \cdot k\,.$$

Die Konstante k, die in der Gleichung auftritt, ist abhängig von dem Verhältnis des Durchmessers D der Spule zu dem

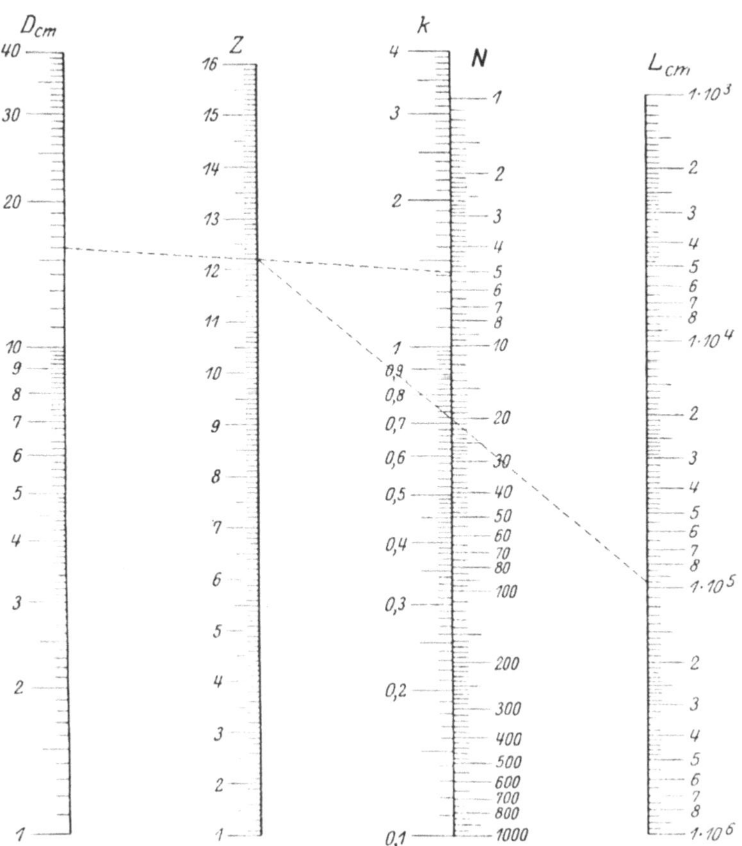

Abb. 35 Zusammenhang zwischen der Selbstinduktion L_{cm} in Zentimetern, dem mittleren Durchmesser D in Zentimetern und der Windungszahl N einer Spule gemäß der Korndörferschen Gleichung:

$$L_{\mathrm{cm}} = 10{,}5\,N^2 \cdot D \cdot k$$

Umfang U des Wicklungsquerschnittes. Bei rechteckigem Wicklungsquerschnitt ist $U = 2\,(l + b)$, wenn l die Spulenlänge, b die Dicke der aufgewickelten Drahtschicht bedeutet. Dabei ist

$$k = \sqrt[4]{\frac{D}{U}}\,, \qquad \text{wenn} \qquad \frac{D}{U} \text{ zwischen 0 und 1}$$

$$k = \sqrt[2]{\frac{D}{U}}\,, \qquad \text{wenn} \qquad \frac{D}{U} \text{ zwischen 1 und 3}$$

$$k = 1\,, \qquad \text{wenn} \qquad D = U\,.$$

Fur die Korndörfersche Gleichung ist in Abb. 35 eine Fluchtentafel gezeichnet. Zu diesem Zweck wurde die Gleichung in die beiden folgenden Teile zerlegt:

$$Z = D \cdot k \qquad \text{und} \qquad L = 10{,}5\,N^2 \cdot Z\,.$$

Jede dieser beiden Gleichungen läßt sich in bekannter Weise durch ein Nomogramm mit drei parallelen Skalen darstellen. Durch Zusammenlegen der Z-Skalen beider Nomogramme entsteht dann das in Abb. 35 abgebildete Nomogramm. Da die Abstände der einzelnen Skalen voneinander gleich gemacht worden sind, fallen auch die k- und N-Skalen zusammen. Folgendes Rechenbeispiel soll den Gebrauch des Nomogrammes dem Leser erläutern. Gegeben $D = 16$ cm, $k = 1{,}41$ und $N = 20$. Aus D und k ergibt sich $Z = 12$, und dieser Wert mit $N = 20$ verbunden liefert das gesuchte L zu $9{,}5 \cdot 10^4$ cm.

Wie man sich für die Beziehung $k = \sqrt{\dfrac{D}{U}}$ ein Nomogramm herstellt, braucht nicht näher erklärt zu werden und geht aus den Ausführungen auf S. 42 hervor. Es interessiert vielleicht noch zu wissen, wie das Nomogramm für die Gleichung $k = \sqrt[4]{\dfrac{D}{U}}$ aussieht. Logarithmiert man die Gleichung, so ergibt sich:

$$\log k = \frac{\log D - \log U}{4} \qquad \text{oder} \qquad 2 \log k = \frac{\log D - \log U}{2}\,.$$

Setzt man in dieser Gleichung $k = \gamma$, $D = \alpha$ und $U = \beta$ und vergleicht man die dann entstehende Gleichung

$$2 \log \gamma = \frac{\log \alpha - \log \beta}{2}$$

mit der Gleichung 1 auf S. 32, so stimmen beide bis auf den Faktor 2 des Gliedes $\log \gamma$ und das Minuszeichen vor $\log \beta$ vollkommen miteinander überein. Das Nomogramm für die

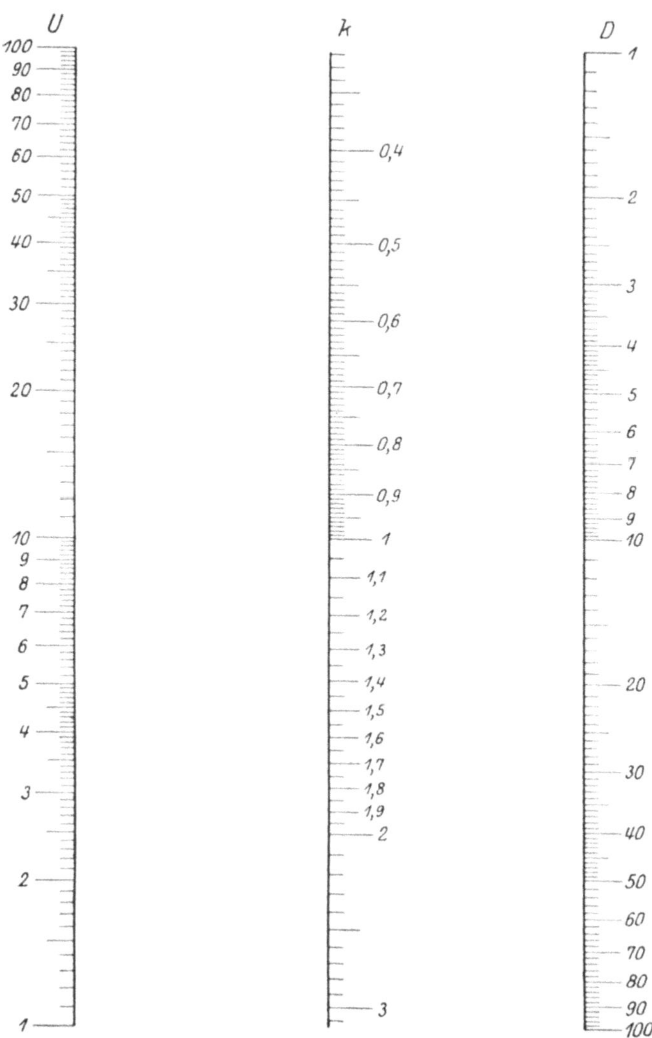

Abb. 36. Nomogramm zur Bestimmung des Faktors k in der Korndorferschen Gleichung aus mittlerem Durchmesser D der Spule und Umfang U des Wicklungsquerschnittes gemäß der Gleichung:

$$k = \sqrt[4]{\frac{D}{U}}.$$

Gleichung $k = \sqrt[4]{\dfrac{D}{U}}$ wird sich demnach von dem Nomogramm für $\gamma = \sqrt{\alpha \cdot \beta}$ auf S. 31 nur dadurch unterscheiden, daß die k-Skala einen doppelt so großen Maßstab erhält wie die D- und U-Skalen, und daß die U-Skala gegenüber den beiden an-

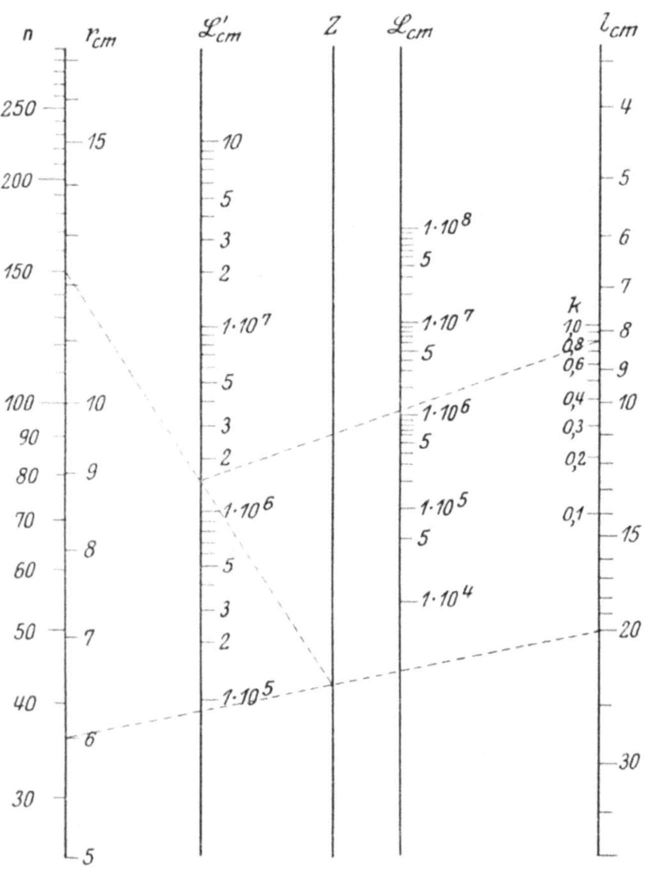

Abb 37. Nomogramm zur Bestimmung der Selbstinduktion L_{cm} in Zentimetern von Spulen aus deren mittlerem Radius r in Zentimetern, der Wicklungslange l in Zentimetern und der Gesamtwicklungszahl n nach der Formel:

$$L_{cm} = \frac{39{,}48 \, r^2 \, n^2 \, k}{l}.$$

k ist aus einer Tabelle zu entnehmen.

deren Skalen entgegengesetzt gerichtet ist. Die Anfangspunkte aller drei Skalen, also die Punkte 1, müssen aber wieder auf einer Geraden liegen. Abb. 36 gibt das in diesem Sinne gezeichnete Nomogramm wieder, das für alle praktisch vorkommenden Fällen genügen wird.

Eine weitere Formel zur Berechnung der Selbstinduktion einer Spule ist die Formel:

$$L = \frac{39{,}48\, r^2\, n^2\, k}{l},$$

wo jetzt $\quad l =$ Länge der ganzen Wicklung in cm

$\qquad\quad r =$ mittlerer Radius in cm

$\qquad\quad n =$ Gesamtwindungszahl

$\qquad\quad k =$ Faktor, der vom Verhältnis d/l abhängt, wo $d = 2\,r =$ mittlerer Spulendurchmesser ist.

Ein für diese Formel gezeichnetes Nomogramm, das einem amerikanischen Radioamateurbuch (Radio-News Amateurs Handbook) entnommen wurde, ist in Abb. 37 wiedergegeben. Der Gebrauch dieser Fluchtentafel, die sogar fünf Veränderliche enthält, geht am besten aus einem Beispiel hervor. Es soll die Selbstinduktion L einer Spule von $l = 20$ cm Länge, $r = 6$ cm Radius bestimmt werden, wenn die Gesamtwindungszahl $n = 150$ beträgt. Zu diesem Zweck verbindet man den Punkt 6 auf der r-Skala mit dem Punkte 20 auf der l-Skala und den sich dabei ergebenden Schnittpunkt auf der Z-Linie mit dem Punkte 150 auf der n-Skala. Der Schnittpunkt dieser letzten Verbindungslinie mit der L'-Skala liefert als angenäherte Selbstinduktion den Wert 1 600 000 cm. Diesen Punkt haben wir nun noch mit dem Punkte 0,8 auf der k-Skala zu verbinden, denn d/l ist gleich $\frac{12}{20} = 0{,}6$, und diesem Wert entspricht $k = 0{,}8$. Als Selbstinduktion der Spule finden wir dann den Wert $L = 1\,300\,000$ cm. Die Abhängigkeit des Faktors k von dem Verhältnis d/l ist aus nebenstehender Tabelle zu ersehen. Trägt man sich diese Werte für d/l und k in Millimeterpapier graphisch auf, so kann man auch für alle Zwischenwerte von d/l die entsprechenden k-Werte daraus entnehmen.

d/l	k
0,00	1
0,25	0,9
0,55	0,8
0,95	0,7
1,50	0,6
2,20	0,5
3,40	0,4
5,40	0,3
10,00	0,2
26,00	0,1

Ein Nomogramm, das besonders zur Bestimmung der Selbstinduktion von Flachspulen (auch Honigwabenspulen) geeignet

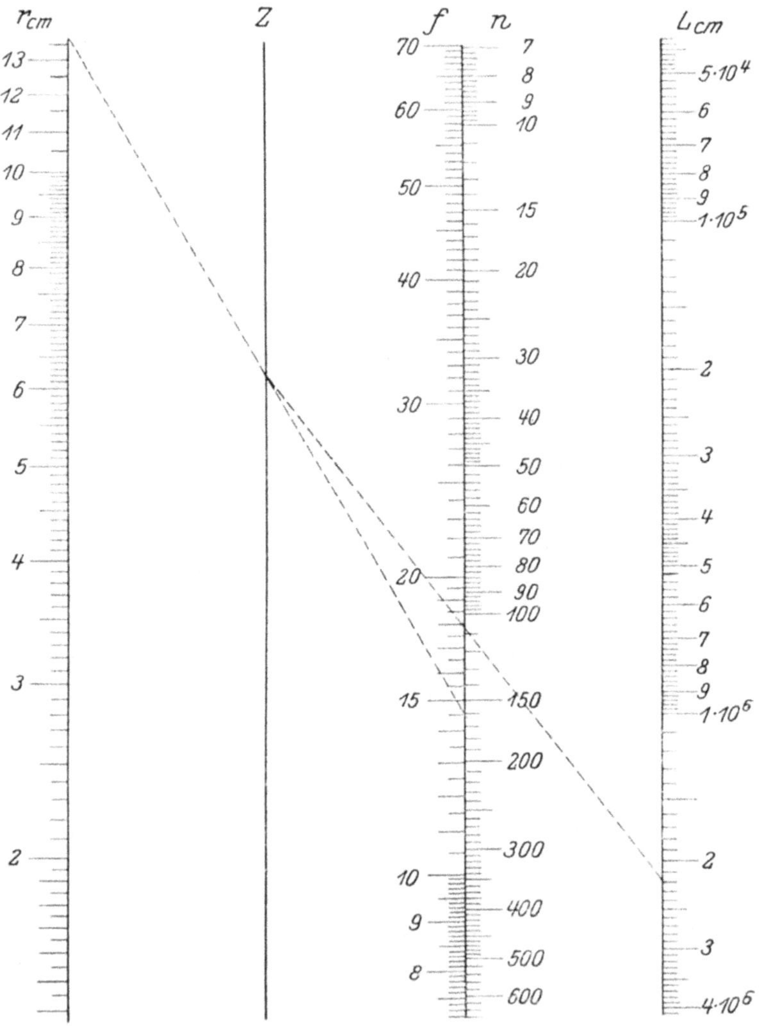

Abb. 38. Nomogramm zur Bestimmung der Selbstinduktion L_{cm} in Zentimetern von Flachspulen (Honigwabenspulen) aus dem mittleren Radius R in Zentimetern und der Windungszahl n nach der Formel:
$$L = R \cdot n^2 \cdot f.$$
f ist aus der Netztafel Abb. 40 zu entnehmen.

ist, gibt die Abb. 38 wieder. Zugrunde gelegt ist die Formel:

$$L = R \cdot n^2 \cdot f. \,^1)$$

In dieser Formel, die zur Berechnung von Selbstinduktionen mehrlagiger Spulen, deren Achsenlänge nicht größer als ihr äußerer Radius ist, gültig ist, bedeutet L die Selbstinduktion in cm, R den mittleren Spulenradius in cm, n die Gesamtwindungszahl und f einen Faktor, der vom Wicklungsquerschnitt abhängt und jeweils besonders bestimmt werden muß. Zu diesem Zweck mißt man bei einer gegebenen Spule (siehe Abb. 39) den inneren Radius R_1 und den äußeren Radius R_2 und bestimmt hieraus den mittleren Radius R durch Bildung des Ausdruckes

$$R = \frac{R_1 + R_2}{2}$$

sowie die Wicklungshöhe

$$h = R_2 - R_1.$$

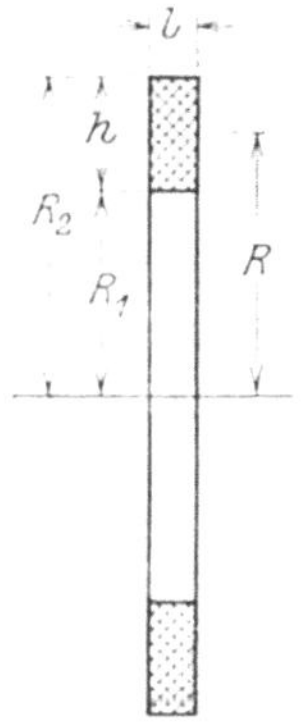

Abb. 39. Querschnitt durch eine Flachspule.

Ferner mißt man die Wicklungsdicke l und bildet die Ausdrücke:

$$p = \frac{h}{2R} \qquad \text{und} \qquad q = \frac{l}{h}.$$

Aus diesen so leicht zu errechnenden Größen p und q ergibt sich dann der Faktor f mit Hilfe der Netztafel Abb. 40.

Die Selbstinduktion der Spule läßt sich hierauf mittels des Nomogrammes Abb. 38 bestimmen. Dieses Nomogramm für die Gleichung $L = R\,n^2\,f$ ist entstanden durch Zerlegung dieser Gleichung in die beiden Gleichungen

$$Z = R \cdot f \qquad \text{und} \qquad L = n^2 \cdot Z.$$

Für jede dieser Gleichungen, die nur je 3 Veränderliche enthalten, läßt sich nach dem früher Gesagten ein Nomogramm entwerfen. Indem man sodann die beiden Nomogrammen gemeinsame Z-Skala in einer Skala vereinigt, entsteht das in Abb. 38 wiedergegebene Nomogramm.

---

[1]) Nach F. W. Grover, Tables for the calculation of the inductance of circular coils of rectangular cross section. Scient Pap Bur Stand. Nr. 455 [siehe auch Referat G. Zickner, Radioamateur 3 (1925), S. 175]

Für einen ganz besonderen Fall sei seine Benutzung beschrieben. Es ist eine Flachspule gegeben mit einem Außendurchmesser $2\,R_2 = 4{,}5$ cm, einem Innendurchmesser $2\,R_1 = 1$ cm

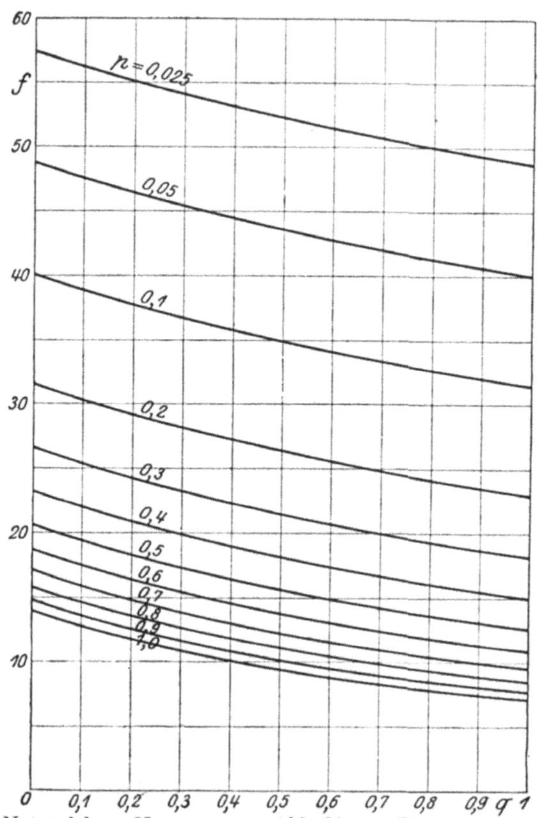

Abb. 40. Netztafel zu Nomogramm Abb. 38 zur Bestimmung des Spulenfaktors f aus den Größen p und q.

und einer Dicke $l = 0{,}6$ cm. Die Spule ist mit 1070 Windungen eines 0,2 mm starken Drahtes. Aus diesen Daten ergibt sich:

$$R = \frac{4{,}5 + 1}{4} = 1{,}37\ \text{cm},$$

$$h = \frac{4{,}5 - 1}{2} = 1{,}75\ \text{cm}, \quad p = \frac{1{,}75}{2{,}75} = 0{,}64, \quad q = \frac{0{,}6}{1{,}75} = 0{,}34.$$

Für f ergibt sich aus Abb. 40 der Wert 14,5. Wir haben nun in dem Nomogramm Abb. 38 den Wert $f = 14{,}5$ mit dem Wert

$R = 1,37$ zu verbinden. Da $R = 1,37$ im Nomogramm nicht enthalten ist, wählen wir den 10 mal größeren Wert 13,7 und müssen dann später das Resultat durch 10 dividieren. Die so gezogene Verbindungslinie trifft die Z-Gerade in einem Punkte, den wir jetzt mit dem Punkte $n = 1070$ auf der n-Skala zu verbinden haben.

Dieser Wert ist aber ebenfalls nicht im Nomogramm vorhanden; wir wählen daher den 10 mal kleineren Wert $n = 107$ und müssen dafür das Resultat mit 100 multiplizieren. Die Verbindungslinie des Punktes auf der Z-Geraden mit $n = 107$ liefert auf der L-Skala das Resultat $L = 2,2 \cdot 10^6$ cm. Diesen Wert haben wir noch mit 100 zu multiplizieren und durch 10 zu dividieren, so daß sich als endgültiger Selbstinduktionswert für die Spule der Wert $L = 22 \cdot 10^6$ cm ergibt. Eine Messung der Spule lieferte den Wert $L = 22,2 \cdot 10^6$ cm, also eine sehr gute Übereinstimmung mit der Berechnung.

Zum Schlusse dieses Abschnittes gibt die Abb. 41 ein sehr geschickt zusammengestelltes Nomogramm wieder, das zur Berechnung von einlagigen Spulen dienen soll[1]). Dem Nomogramm liegt die Formel zugrunde

$$L = \frac{0,0251 \cdot d^2 \cdot n^2 \cdot k}{l}.$$

Hierin bedeutet:

$L =$ Selbstinduktion in Mikrohenry
$d =$ Durchmesser $\Big\}$ der Wicklung in engl. Zoll
$l =$ Länge
$n =$ Gesamtwindungszahl
$k =$ Formfaktor

Was zunächst die Bestimmung von k anbetrifft, so hängt dieser nur von der Länge und dem Durchmesser der Wicklung ab und ist aus der besonders gezeichneten Netztafel Abb. 42 zu entnehmen.

In der obigen Gleichung für die Spulenselbstinduktion kommen insgesamt 5 Veränderliche vor. Die Formel läßt sich aber in folgende drei Gleichungen zerlegen:

$$z_1 = d^2 \cdot k, \qquad z = \frac{z_1}{l} \qquad \text{und} \qquad L = 0,0251 \cdot n^2 \cdot z.$$

---

[1]) Nach Southwick, Radio-News, Februar 1925. S 1430.

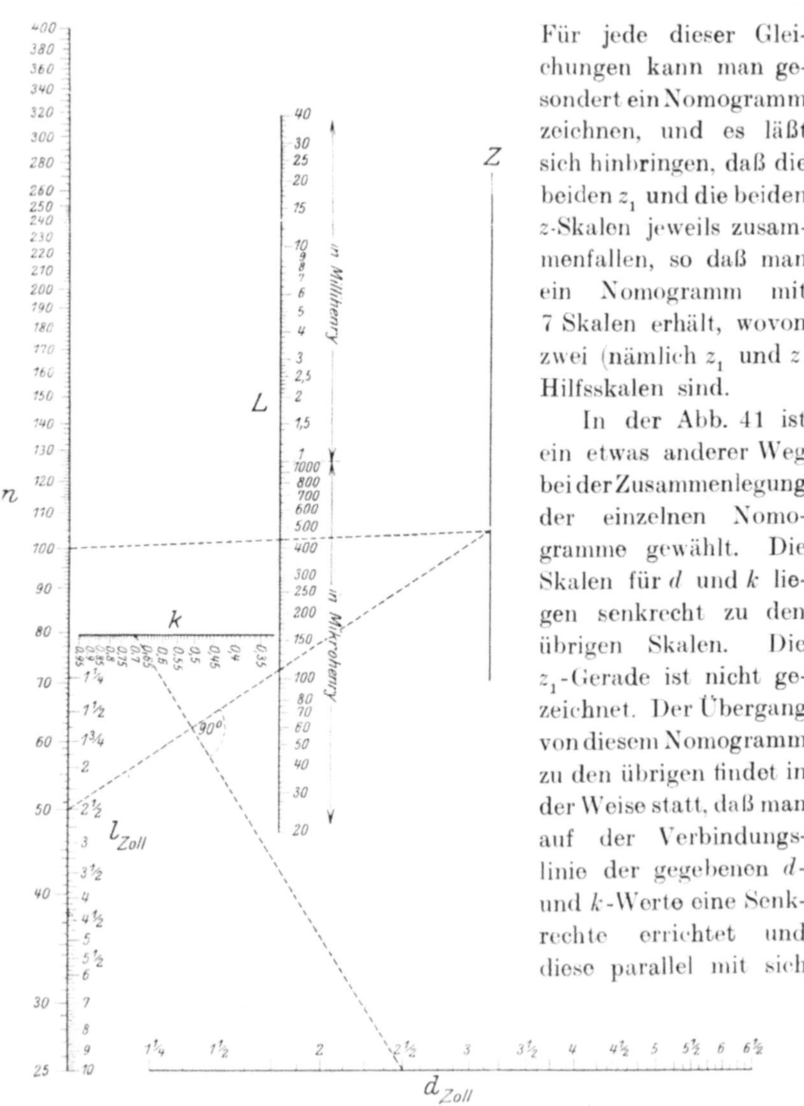

Für jede dieser Gleichungen kann man gesondert ein Nomogramm zeichnen, und es läßt sich hinbringen, daß die beiden z_1 und die beiden z-Skalen jeweils zusammenfallen, so daß man ein Nomogramm mit 7 Skalen erhält, wovon zwei (nämlich z_1 und z) Hilfsskalen sind.

In der Abb. 41 ist ein etwas anderer Weg bei der Zusammenlegung der einzelnen Nomogramme gewählt. Die Skalen für d und k liegen senkrecht zu den übrigen Skalen. Die z_1-Gerade ist nicht gezeichnet. Der Übergang von diesem Nomogramm zu den übrigen findet in der Weise statt, daß man auf der Verbindungslinie der gegebenen d- und k-Werte eine Senkrechte errichtet und diese parallel mit sich

Abb. 41. Nomogramm zur Bestimmung der Selbstinduktion $L_{\mu H}$ in Mikrohenry von einlagigen Spulen aus dem Durchmesser d in Zoll, der Länge der Wicklung l in Zoll und der Gesamtwindungszahl n nach der Formel:

$$L = \frac{0,0251 \cdot d^2 \, n^2 \, k}{l}$$

k hängt von d und l ab und ist aus Netztafel Abb 42 zu entnehmen.

selbst so lange verschiebt, bis sie durch den gegebenen l-Wert auf der l-Skala geht. Dann schneidet die Verlängerung der Senkrechten die Hilfsgerade z in einem Punkt, der mit einem gegebenen n-Werte verbunden auf der L-Skala den gesuchten Selbstinduktionswert liefert.

Folgendes Beispiel diene zur Erklärung. Es soll eine Spule von der Länge $l = 2\,^1/_2$ Zoll und dem Durchmesser $2\,^1/_2$ Zoll eine Selbstinduktion $L = 440$ Mikrohenry haben. Wieviel Windungen muß die Spule erhalten? Für $l = 2\,^1/_2$ und $d = 2\,^1/_2$ folgt aus der Tafel Abb. 42 für k der Wert 0,688. Im Nomogramm Abb. 41 verbinden wir diesen Wert auf der k-Skala mit dem Wert $d = 2\,^1/_2$ auf der d-Skala und errichten auf der Verbindungslinie eine Senkrechte so, daß sie durch den Wert $l = 2\,^1/_2$ auf der l-Skala geht. Den Schnittpunkt dieser

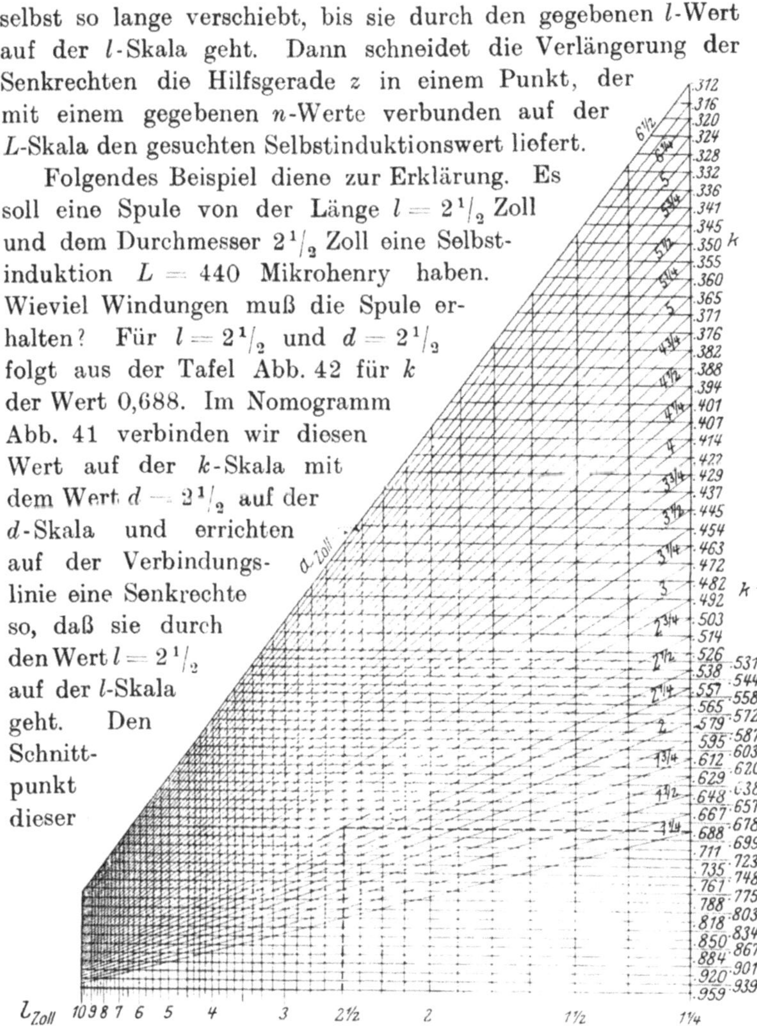

Abb. 42. Netztafel zu Nomogramm Abb. 41 zur Bestimmung des Spulenfaktors k aus Spulendurchmesser d und Spulenlänge l in Zoll.

Senkrechten mit der Z-Geraden verbinden wir mit dem Punkt $L = 440$ auf der L-Skala und erhalten damit auf der n-Skala den Punkt $n = 100$. Die Spule muß also mit 100 Windungen bewickelt werden. In bezug auf die Ausführung des Nomogrammes Abb. 41 und der Netztafel Abb. 42 ist zu bemerken, daß als Maßeinheit für d und l das engl. Zoll gewählt ist. Bei Umrechnung in cm gilt die Beziehung:

$$1 \text{ cm} = 0{,}369 \text{ engl. Zoll.}$$

7. Nomogramme mit anderen Lagen von drei geradlinigen Funktionsleitern.

In den beiden letzten Abschnitten haben wir uns ausschließlich mit solchen Fluchtentafeln beschäftigt, bei denen die Funktionsleitern einander parallel waren. Wir wollen nun noch einige andere Fluchtentafeln bilden, bei denen die Skalen nicht mehr oder nicht mehr alle einander parallel sind, und zwar wollen wir zwei besonders wichtige Fälle betrachten, daß die drei Skalen durch einen Punkt gehen und daß zwei Skalen von einer dritten geschnitten werden.

In Abb. 43 schneiden sich die beiden Geraden OU und OV im Punkte O unter einem Winkel ε. Dieser Winkel wird von einer dritten Geraden OW halbiert. Eine vierte Gerade schneidet die von O ausgehenden drei Strahlen in den Punkten A, C und B und wir fragen, in welcher Beziehung stehen die Abschnitte u, v und w auf den drei Geraden. Zieht man durch C zu OB die Parallele, so verhält sich nach bekannten Sätzen der Geometrie:

$$CD : BO = AD : AO$$

oder da

$$CD = EC : \cos\frac{\varepsilon}{2} = \frac{w}{2} : \cos\frac{\varepsilon}{2} = DO$$

$$\frac{w}{2 \cdot \cos\dfrac{\varepsilon}{2}} : v = \left(u - \frac{w}{2 \cdot \cos\dfrac{\varepsilon}{2}} \right) : u \, ,$$

d. h. es ist:

$$\frac{u \cdot w}{2 \cdot \cos\dfrac{\varepsilon}{2}} = vu - \frac{v \cdot w}{2 \cdot \cos\dfrac{\varepsilon}{2}}$$

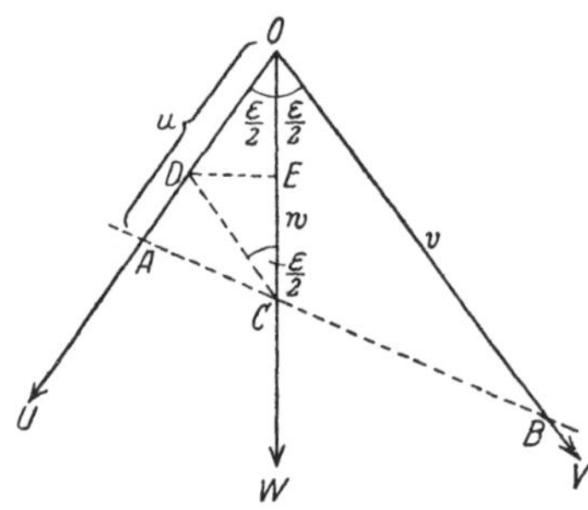

Abb. 43   Schema eines Nomogramms mit drei durch einen Punkt gehenden Skalen

oder nach Division durch $\dfrac{u \cdot v \cdot w}{2 \cdot \cos \dfrac{\varepsilon}{2}}$

$$\frac{1}{v} = \frac{2 \cdot \cos \dfrac{\varepsilon}{2}}{w} - \frac{1}{u},$$

also

$$\frac{2 \cdot \cos \dfrac{\varepsilon}{2}}{w} = \frac{1}{u} + \frac{1}{v} = \frac{u+v}{u \cdot v}.$$

Dieser Gleichung genügen also die Abschnitte u, v und w auf den drei durch D gezeichneten Geraden. Bringen wir auf diesen Geraden drei Funktionsleitern an, von denen die beiden äußeren gleiche Teilung besitzen sollen, also die Gleichungen

$$u = l \cdot \alpha \qquad \text{und} \qquad v = l \cdot \beta$$

erfüllen mögen, wo l ein beliebiger Maßstab sei, während wir auf der mittleren Geraden eine Leiter $w = l_2 \cdot \gamma$ eintragen wollen, deren Maßstab l_2 der Beziehung genüge $l_2 = 2\, l \cdot \cos \dfrac{\varepsilon}{2}$ also größer wie l ist, so erfüllen die Bezifferungen α, β und γ derjenigen drei Punkte, in denen eine beliebige Gerade die drei Skalen trifft, die Gleichung

$$\frac{2 \cdot \cos \dfrac{\varepsilon}{2}}{l_2 \cdot \gamma} = \frac{1}{l \cdot \alpha} + \frac{1}{l \cdot \beta}$$

und mit Berücksichtigung der oben aufgestellten Beziehung zwischen l und l_2 die Gleichung

$$\frac{1}{\gamma} = \frac{1}{\alpha} + \frac{1}{\beta}.$$

Sehr einfache Verhältnisse ergeben sich gerade in bezug auf die Beziehung zwischen den Maßstäben der drei Leitern, wenn man den Winkel ε zwischen den beiden äußeren Leitern gleich 120^0 macht. Dann wird nämlich $\cos \dfrac{\varepsilon}{2} = \dfrac{1}{2}$ und somit $l_2 = l_1$. Die drei Leitern erhalten also gleiche Teilung.

Diese soeben beschriebene Art von Nomogrammen können wir dazu gebrauchen, um uns eine Fluchtentafel für die Bestimmung der resultierenden Kapazität C zweier in Serie geschalteter Kondensatoren mit den Einzelkapazitäten C_1 und C_2 herzustellen. Bekanntlich ist ja bei Serienschaltung zweier Kapazitäten C_1 und C_2 die sich ergebende Gesamtkapazität C durch die Gleichung bestimmt:

$$\frac{1}{C} = \frac{1}{C_1} + \frac{1}{C_2}.$$

In Abb. 44 ist hierfür ein Nomogramm wiedergegeben. Seine Herstellung ist überaus einfach, wenn man dazu gewöhnliches Millimeterpapier benutzt. Die C-Leiter zeichnet man so, daß sie mit einer Geraden des Millimeterpapiers zusammenfällt, man also die Millimeterteilung ohne weiteres für die zu zeichnende Skala benutzen kann. Durch den Anfangspunkt werden die Geraden für die C_1- und C_2-Leitern so gezeichnet, daß sie mit der C-Leiter gleiche Winkel bilden. Die Teilung auf diesen beiden Leitern findet man bequem auf folgende Weise. Jede die C-Skala in einem Punkte x senkrecht schneidende Linie des Millimeterpapieres erzeugt auf den beiden andern Geraden die mit $2\,x$ zu beziffernden Punkte.

Aus dem fertigen Nomogramm findet man z. B., daß ein Kondensator C_1 von 160 cm Kapazität in Serien geschaltet mit einem Kondensator C_2 von 90 cm eine resultierende Kapazität von $C = 57{,}8$ cm ergibt. Die genaue Rechnung liefert 57,6 cm.

Wollen wir eine Antenne mit einer Kapazität C_1 von 350 cm mit einer Spule von $3 \cdot 10^5$ cm Selbstinduktion und einem Kondensator C_2 in Serie schalten, um damit die Welle 420 m aufzunehmen, so finden wir zunächst aus dem Nomogramm Abb. 24 auf S. 34, daß hierzu die resultierende Kapazität $C = 145$ cm sein muß. Wie groß müssen wir dann den Kondensator C_2 machen? Die Antwort gibt uns das Nomogramm Abb. 44, nämlich $C_2 = 250$ cm. Da in diesem Falle der Meßbereich des Nomogramms für die gegebenen Werte $C_1 = 350$ und $C = 145$ cm nicht ausreichte, wurden die 10 mal kleineren Werte (also 35 und 14,5) genommen und der sich ergebende Wert von 25 mit 10 multipliziert. In dieser Weise läßt sich der Bereich der Tafel mittels der Zehnerpotenzen beliebig vergrößern bzw. verkleinern.

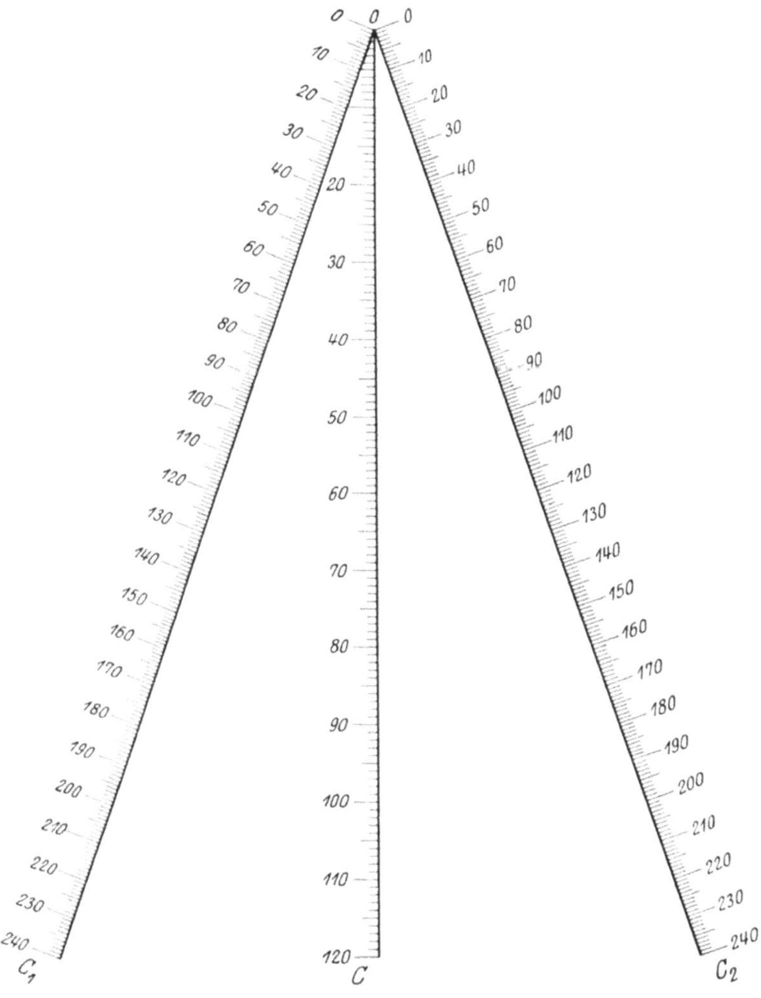

Abb. 44. Nomogramm zur Bestimmung der resultierenden Kapazität C zweier in Serie geschalteter Kondensatoren C_1 und C_2

$$C = \frac{C_1 \cdot C_2}{C_1 + C_2}.$$

Dieselbe Fluchtentafel können wir auch verwenden, um die resultierende Selbstinduktion L zweier parallel geschalteter Selbstinduktionen L_1 und L_2 zu bestimmen, denn hier gilt ebenfalls

$$\frac{1}{L} = \frac{1}{L_1} + \frac{1}{L_2}.$$

Und schließlich kann das Nomogramm noch Verwendung finden zur Bestimmung des Widerstandes w zweier parallel geschalteter Systeme mit den Einzelwiderständen w_1 und w_2. Auch hier ist bekanntlich

$$\frac{1}{w} = \frac{1}{w_1} + \frac{1}{w_2}.$$

Sind mehr als zwei Widerstände etwa drei Widerstände w_1, w_2 und w_3 parallel geschaltet, so bestimmt man zuerst den resultierenden Widerstand von w_1 und w_2, der sich zu w_{12} ergeben möge, und hierauf den von w_{12} und w_3.

Eine in der Praxis und auch in der Radiotechnik sehr oft vorkommende Frage ist z. B.: Welchen Widerstand muß man zu einen Amperemeter parallel schalten (Shuntwiderstand), um seinen Meßbereich, der etwa von 0—5 Amp. geht, auf den z-fachen Betrag zu bringen? Bekannt ist nur der Eigenwiderstand w_1 des Amperemeters. Wir müssen, wie der Leser leicht finden wird, zu dem Amperemeter mit dem Widerstand w_1 einen Widerstand w_2 parallel schalten, der so groß ist, das der sich ergebende Gesamtwiderstand w gleich dem z-ten Teil von w_1 ist. Wir kennen also den resultierenden Widerstand und den Widerstand des Amperemeters und können aus dem Nomogramm Abb. 44 sofort den parallel zu schaltenden Widerstand finden. Ein Beispiel: Der Amperemeterwiderstand betrage 0,155 Ohm und der Meßbereich soll auf den fünffachen Betrag vergrößert werden. Der resultierende Widerstand, der aus dem System Amperemeter und parallel geschalteter Widerstand gebildet wird, muß dann $0,155:5 = 0,031$ Ohm betragen und aus dem Nomogramm finden wir zu 0,031 und 0,155 — statt dessen rechnet man genauer mit den 100 mal so großen Werten und dividiert das Resultat durch 100 — den Wert 0,039 als Nebenschlußwiderstand für das Amperemeter.

Wir betrachten nun noch den weiteren Fall, daß zwei
parallele Funktionsleitern von einer dritten geschnitten werden.
In Abb. 45 werden die parallelen Leitern U und V, die entgegengesetzte Richtung haben mögen, von der Geraden W geschnitten. Die Schnittpunkte A und B mögen die Anfangspunkte
der Teilungen auf U und V sein. AB sei gleich a und trage
ebenfalls eine Teilung mit dem An-
fangspunkt in A. Werden jetzt diese
drei Skalen von einer beliebigen Geraden etwa in den Punkten P, Q und R
geschnitten, so ist die Bedingung,
daß diese drei Punkte auf einer Geraden liegen, gegeben durch die Pro-
portionalität:

$$A P : B Q = A R : B R$$

oder

$$u : v = w : (a - w)$$

oder

$$\frac{w}{a - w} = \frac{u}{v}.$$

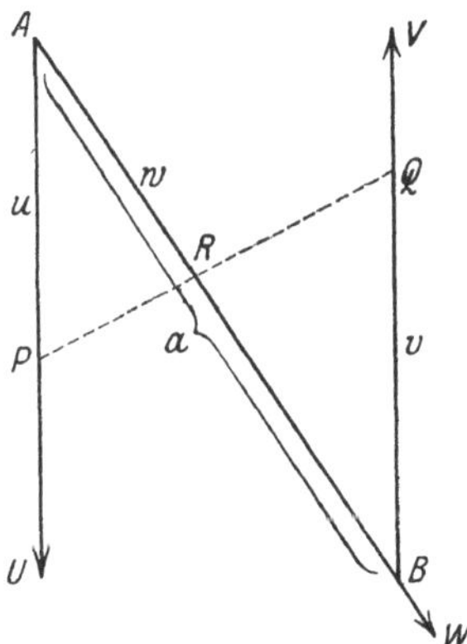

Abb. 45. Schema eines Nomogramms mit zwei parallelen
Skalen, die von einer dritten
geschnitten werden.

Tragen wir demnach auf den drei
Geraden U, V und W je eine gleich-
förmige Teilung auf und machen wir a etwa gleich 100, so erhalten
wir ein Nomogramm von der Form der Abb. 46. Dabei ist:

$$u = l_1 \cdot \alpha, \qquad v = l_1 \cdot \beta, \qquad w = l_2 \cdot \gamma \qquad \text{und} \qquad a = l_2 \cdot 100$$

und zwar ist der Maßstab $l_1 = 10$ mm und $l_2 = 2$ mm gewählt.
Das Nomogramm stellt uns dann die Gleichung

$$\frac{\gamma}{100 - \gamma} = \frac{\alpha}{\beta}$$

dar, die uns als Proportionsgleichung für die Wheatstonesche
Brückenzweigung bekannt ist, wie sie in Abb. 47 zur Erklärung
aufgezeichnet ist. Darin bedeuten $\alpha =$ gegebener Widerstand,
$\beta =$ gesuchter Widerstand und $\gamma =$ Meßdrahtablesung in cm,
wobei der ganze Meßdraht gleich 100 cm sein soll. Das Nomogramm Abb. 46 kann mit Vorteil bei den Widerstandsmessungen
nach dieser Brückenmethode zur Errechnung des zu messenden
Wertes benutzt werden. Für $\alpha = 7$ Ohm Vergleichswiderstand

und der Meßdrahtablesung $\gamma = 58$ cm findet man aus diesem Nomogramm sofort den zu messenden Widerstand zu

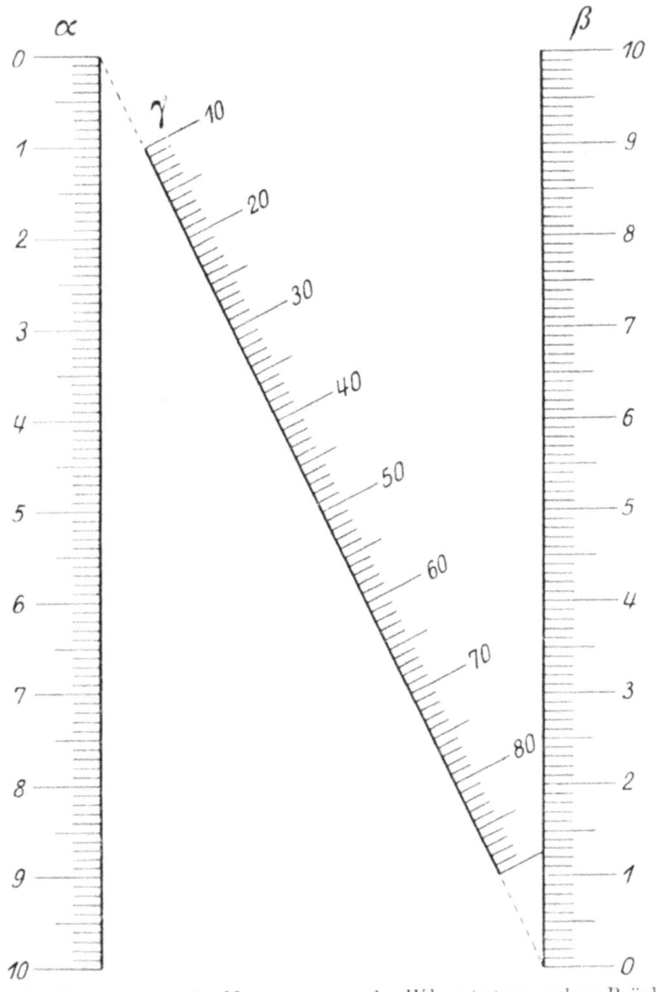

Abb. 46. Nomogramm für Messungen an der Wheatstoneschen Brücke[1].

$$\frac{\gamma}{100 - \gamma} = \frac{\alpha}{\beta}$$

$\alpha =$ gegebener, $\beta =$ gesuchter Widerstand, $\gamma =$ Meßdrahtablesung in Zentimetern.

---

[1] Bereits von Luckey l. c. in dieser Form angegeben.

$\beta = 6{,}95$ Ohm. Dasselbe Nomogramm läßt sich natürlich auch bei der Messung von Selbstinduktionen und Kapazitäten in der Brückenmethode in der gleichen Weise verwenden.

Allgemein können wir sagen, daß sich nach dem Skalengefüge des Nomogramms Abb. 46 jede Gleichung von der Form $f(\gamma) = \dfrac{f(\alpha)}{f(\beta)}$ darstellen läßt, wobei $f(\alpha)$, $f(\beta)$ und $f(\gamma)$ beliebige Funktionen sein können. Betrachten wir zu diesem Zweck die Abb. 48. In dieser sind zwei gleichförmige Skalen α und β

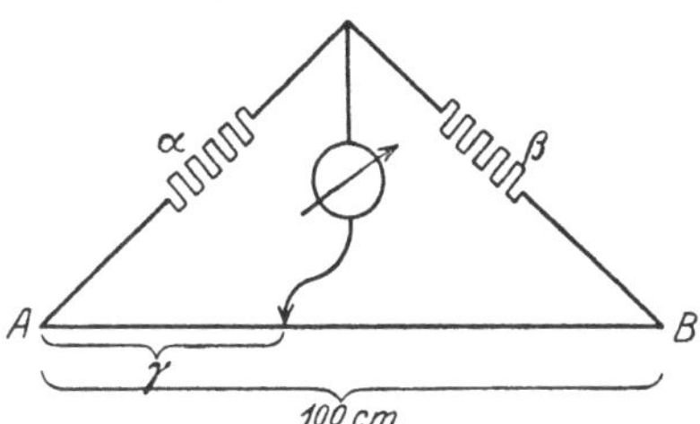

Abb. 47. Wheatstonesche Brückenschaltung.

gezeichnet, beide haben entgegengesetzte Richtung. Die Nullpunkte der beiden Skalen sind durch die Linie γ verbunden. Verbindet man nun gleich bezifferte Punkte auf der α- und β-Skala miteinander, so schneiden sich alle Verbindungslinien in einem Punkte auf der γ-Geraden; ebenso auch die Verbin-

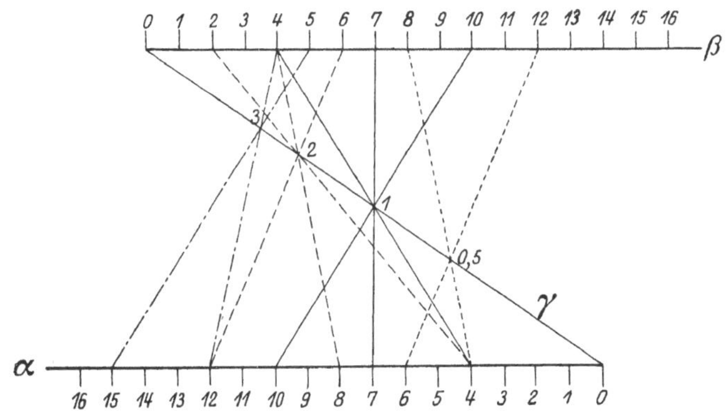

Abb. 48. Schema eines Nomogrammes für die Beziehung: $\gamma = \dfrac{\alpha}{\beta}$.

dungslinien der Punkte 2, 4, 6 auf der β-Skala mit den Punkten 4, 8, 12 auf der α-Skala usw. Gibt man daher der γ-Skala die richtige Bezifferung, so erhält man ein Nomogramm für die Beziehung $\gamma = \dfrac{\alpha}{\beta}$ bzw. $\alpha = \gamma \cdot \beta$, wie dies der Leser aus der Abb. 48 ohne weiteres einsehen wird. Der Vorteil dieser

Art von Nomogramm gegenüber der auf S. 31 behandelten, die uns ja dieselben Beziehungen darstellen, ist der, daß wir hier mit gleichförmigen Skalen an Stelle der logarithmischen arbeiten können. Den Maßstab auf der γ-Skala müssen wir allerdings in den meisten Fällen Punkt für Punkt konstruieren, was sich aber, wie wir sogleich an einem Beispiel sehen werden, ohne besondere Schwierigkeiten machen läßt.

Eine bequeme Formel zur Berechnung der Selbstinduktion zylindrischer Spulen ist folgende:

$$L = (\pi \cdot d \cdot n)^2 \cdot l \cdot f,$$

worin $L =$ Selbstinduktion in cm

$d =$ mittlerer Spulendurchmesser

$l =$ Länge der Spule

$n =$ Windungszahl pro Längeneinheit

$f =$ Faktor, der vom Verhältnis l/d abhängt und aus Tabellen entnommen werden kann.

Für $n = 1$ und $f = 1$ ergibt die Gleichung:

$$L' = \pi^2 \cdot d^2 \cdot l$$

und diese Gleichung wollen wir im folgenden durch ein Nomogramm nach der Art der Abb. 48 darstellen. Wir zeichnen zu diesem Zweck zwei parallele Geraden als Träger für die L'- und d-Skalen, tragen auf der ersteren eine gleichförmige Leiter für die L'-Werte ab und auf der anderen eine quadratische Teilung gemäß der Abb. 3 für die d-Werte. Die Richtung der dritten Skala, auf der die l-Werte eingetragen werden sollen, ist uns gegeben durch die Verbindungslinie der Anfangspunkte der L'- und d-Skalen. Jedoch die aufzutragende Teilung kennen wir nicht ohne weiteres, können sie aber in folgender Weise leicht finden. Unter der vereinfachten Annahme $\pi^2 = 10$ (statt 9,87) gehört zu $d = 3$ und $L' = 9000$ der Wert $l = 100$; die Verbindungslinie der entsprechenden Punkte in dem angefangenen Nomogramm schneidet demnach die l-Skala in dem Punkte 100. Verbinden wir diesen Punkt mit $L' = 10000$, so erhalten wir, wie aus Abb. 49 ersichtlich ist, auf der d-Skala einen Punkt a, der mit den Werten $L' = 9000, 8000, 7000 \ldots 1000$ verbunden auf der l-Skala die 100 mal kleineren Werte liefert. Wir können dann dasselbe noch einmal machen, indem wir den

Punkt $l = 10$ mit $L' = 10\,000$ verbinden und den sich so ergebenden Schnittpunkt auf der d-Skala wieder mit den einzelnen

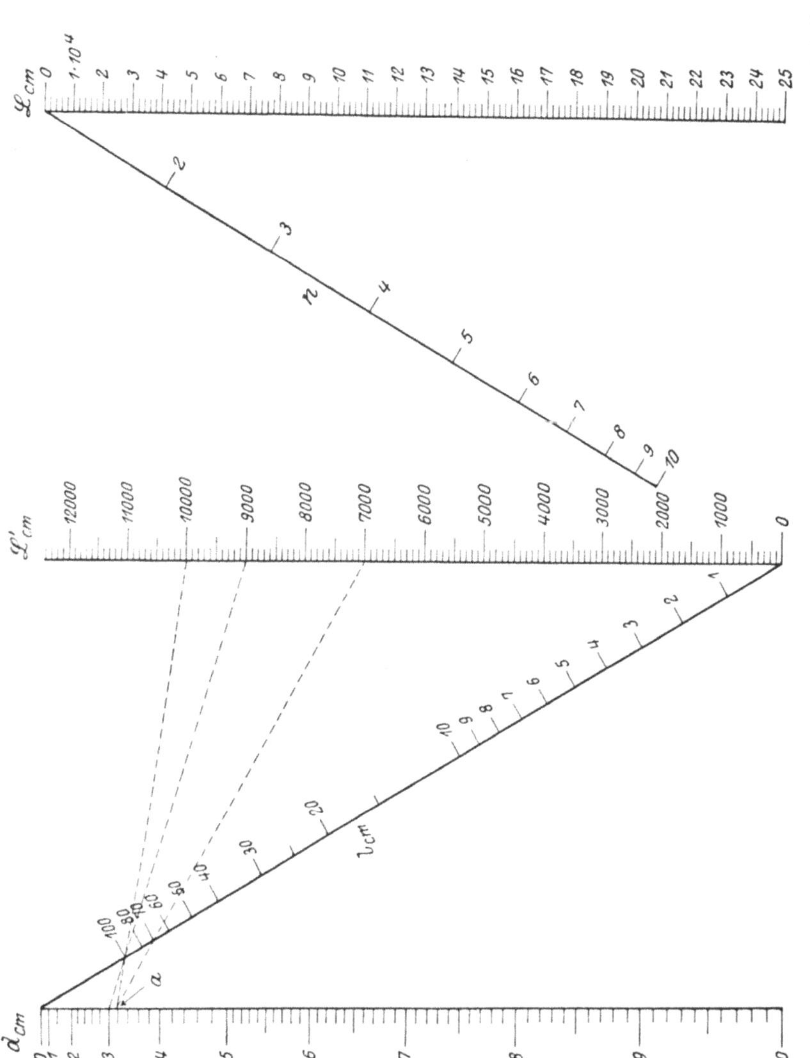

Abb 49 Nomogramm zur Bestimmung der Selbstinduktion L_{cm} in Zentimetern von zylindrischen Spulen aus dem mittleren Durchmesser d, der Spulenlänge l und der Windungszahl n pro Längeneinheit gemäß der Formel: $L_{cm} = (\pi d n)^2 l \cdot f$. f hängt vom Verhältnis l/d ab und ist aus Tabellen zu entnehmen.

Werten auf der L'-Skala verbinden. Diese Verbindungslinien liefern uns auf der l-Skala die weiteren Werte von 10 an abwärts. Der linke Teil des Nomogramms der Abb. 49 ist auf diese Weise entstanden und stellt uns die Gleichung $L' = \pi^2 d^2 \cdot l$ dar. Hat die Spule, deren Selbstinduktion wir bestimmen wollen, n Windungen pro Längeneinheit (cm), so müssen wir die aus dem Nomogramm ermittelten L'-Werte noch mit n multiplizieren. Auch dies läßt sich bequem nomographisch ausführen und dient dazu der rechte Teil der Abb. 49, der in ganz derselben Weise entstanden ist. Das gesamte Nomogramm Abb. 49 ist also ein graphisches Bild der Gleichung $L = (\pi \cdot d \cdot n)^2 l$. Diese L-Werte sind, wie bereits zu Anfang erwähnt, noch mit einem Faktor f zu multiplizieren, der von dem Verhältnis l/d abhängt. f entnimmt man am bequemsten aus Tabellen oder Diagrammen, die z. B. von Coursey angegeben sind. Abb. 50 bringt ein solches Diagramm.

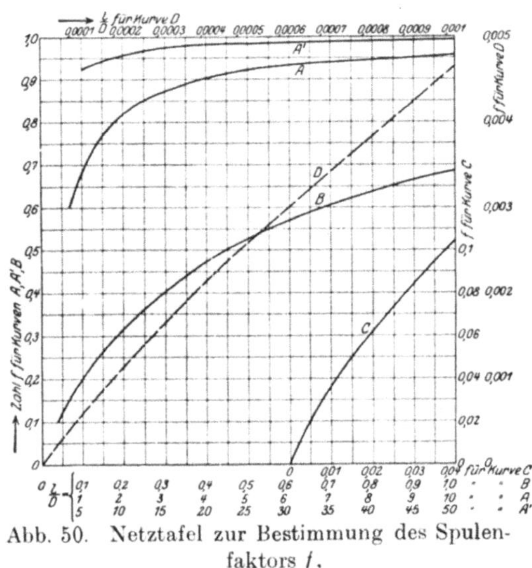

Abb. 50. Netztafel zur Bestimmung des Spulenfaktors f.

8. Verschiedene andere Nomogramme.

Außer den bisher behandelten Nomogrammen gibt es natürlich noch eine große Anzahl mehr oder weniger komplizierter Nomogramme. Allgemein läßt sich fast jede Gleichung durch irgendeine Fluchtentafel darstellen, zumal wenn nicht nur gerade Linien, sondern irgendwelche gekrümmte Kurven als Träger für die Teilungen benutzt werden. Die meisten dieser Tafeln kommen jedoch für die Radiotechnik nicht in Betracht. Die wichtigsten haben wir erwähnt und ihre Herstellung beschrieben, so daß der Leser in der Lage sein wird, sich stets selbst für die eine oder andere Formel, mit der er haufiger Rechnungen auszuführen hat, ein Nomogramm zu konstruieren.

Im folgenden seien nur noch einige weitere Nomogramme ohne Angabe der speziellen Konstruktion gebracht, die auch

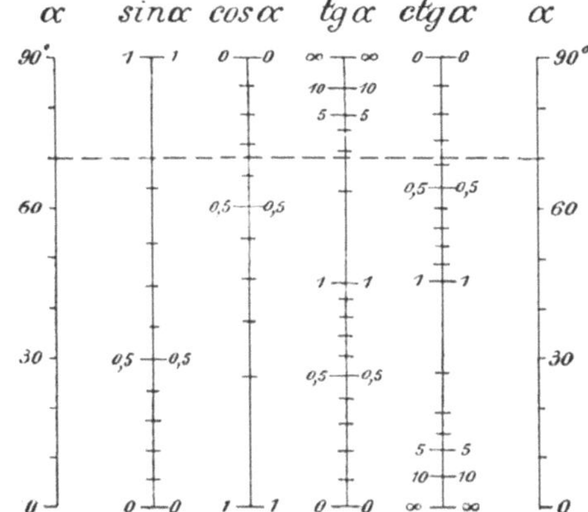

Abb. 51. Nomogramm für die Beziehung $y = s \cdot \sin \varphi$.

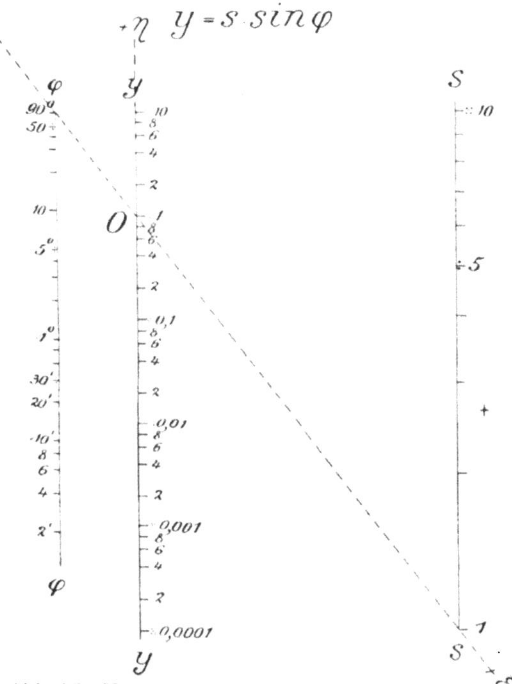

Abb. 52. Nomogramm zur Bestimmung von
$\sin \alpha$, $\cos \alpha$, $\tan g \alpha$, $\cot g \alpha$, wenn der Winkel α gegeben ist.

für die Radiotechnik von Nutzen sein können. Abb. 51[1]) zeigt eine Tafel zur Bestimmung von sin α, cos α, tang α und cotang α, wenn der Winkel α gegeben ist. Abb. 52 bringt eine Fluchtentafel für die Gleichung $y = s \cdot \sin \varphi$ und· kann bei der Beschäftigung mit Wechselströmen von Wert sein, etwa bei der graphischen Aufzeichnung eines Wechselstromes $I = I_0 \sin \omega t$. Zum Schlusse soll dann noch eine für rasche und ungefähre Wellenlängenbestimmungen sehr brauchbare Tafel (Abb. 53) wiedergegeben werden, die von Eccles (1918) angegeben wurde. Die Auftragung der Werte für die Kapazität sowohl in cm wie in MF ist auf dem oberen Kurvenstück einer Ellipse, die Auftragung der Werte für die Selbstinduktion in cm und MH auf dem unteren Kurvenstück der Ellipse bewirkt, während auf der großen Achse der Ellipse die Wellenlänge in Metern wiedergegeben ist.

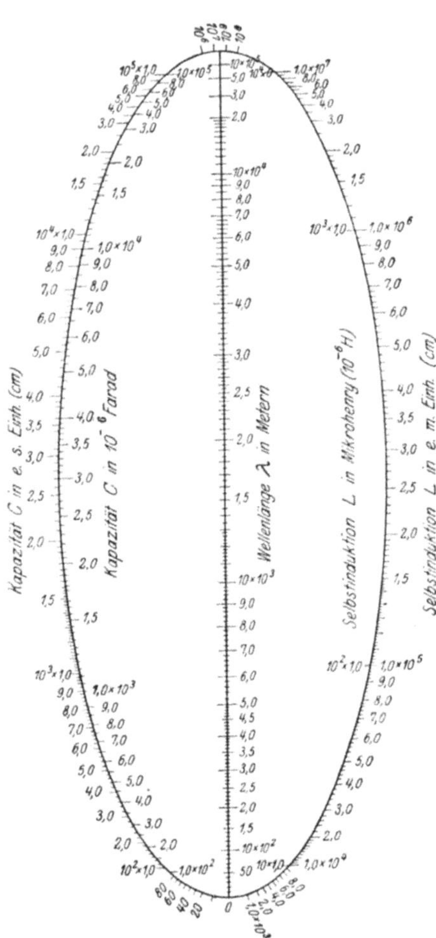

Abb. 53. Nomogramm zur Bestimmung der Wellenlänge λ eines Schwingungskreises aus Kapazität C und Selbstinduktion L.

Auch bei dieser Tafel hat man mit einem Faden oder Lineal die

[1]) Abb. 51 und 52 sind dem Buche von Werkmeister: „Das Entwerfen von graphischen Rechentafeln" entnommen (Berlin: Julius Springer 1923).

gegebenen Werte zu verbinden, um auf diese Weise den Schnittpunkt mit der dritten gesuchten Größe zu ermitteln, der je nachdem, ob es sich um Wellenlänge, Kapazität oder Selbstinduktion handelt, auf der großen Achse, dem oberen oder unteren
Kurvenstück der Ellipse liegt. Diese Tafel hat den Vorteil,
daß sie für den gesamten in der Radiotechnik gebräuchlichen
Wellenlängenbereich ohne Anstellung irgendwelcher Rechnungen
verwendet werden kann.

Zur Weiterbildung seien empfohlen·

Luckey, P.: Einfuhrung in die Nomographie I u. II. Leipzig: Teubner.
Krauss, Fritz: Die Nomographie oder Fluchtlinienkunst. Berlin: Julius
    Springer.
Werkmeister, Dr.-Ing P.: Das Entwerfen von graphischen Rechen-
    tafeln. Berlin: Julius Springer.
Pirani, Prof. Dr. M.: Graphische Darstellung in Wissenschaft und Technik.
    Sammlung Goschen.
Prolß, O.: Graphisches Rechnen Leipzig: Teubner.
Konorski, B. M.: Die Grundlagen der Nomographie. Berlin: Julius
    Springer

Verzeichnis der für Berechnungen brauchbaren Nomogramme.

Formel	Bedeutung des Nomogrammes	Seite
$\lambda_\mathrm{m} = 1{,}884 \sqrt{L_{\mu\mathrm{H}} \cdot C_{\mu\mu\mathrm{F}}}$	Zusammenhang zwischen Wellenlänge λ in Metern, Selbstinduktion $L_{\mu\mathrm{H}}$ in Mikrohenry und Kapazität $C_{\mu\mu\mathrm{F}}$ in Mikromikrofarad	36
$\lambda_\mathrm{m} = 59570 \sqrt{L_{\mu\mathrm{H}}\, C_{\mu\mathrm{F}}}$	Zusammenhang zwischen Wellenlänge λ_m in Metern, Selbstinduktion $L_{\mu\mathrm{H}}$ in Millihenry und Kapazität $C_{\mu\mathrm{F}}$ in Mikrofarad	36
$\dfrac{1}{\nu} = 6{,}6 \cdot 10^{-6} \sqrt{L_\mathrm{H} \cdot C_\mathrm{cm}}$	Zusammenhang zwischen Frequenz ν, Selbstinduktion L_H in Henry und Kapazität C_cm in Zentimetern	37
$w' = w \cdot \dfrac{w_\mathrm{C}^2}{w^2 + w_\mathrm{C}^2}$	Zusammenhang zwischen resultierendem Widerstand w', Ohmschen Widerstand w und kapazitivem Widerstand w_C einer Kapazität, wenn diese dem Ohmschen Widerstand parallel geschaltet wird	22
$w_C^{\mathrm{Ohm}} = 4{,}77\, \dfrac{\lambda^\mathrm{cm}}{C^\mathrm{cm}}$	Zusammenhang zwischen kapazitivem Widerstand w_C in Ohm, Wellenlänge λ in Zentimetern und Kapazität C in Zentimetern	26
$w_\mathrm{C} = \dfrac{9 \cdot 10^{11}}{2\,\pi\,\nu\,C_\mathrm{cm}}$	Zusammenhang zwischen kapazitivem Widerstand (Reaktanz) w_C in Ohm, Kapazität C_cm in Zentimetern und Frequenz ν	46
$w_L^{\mathrm{Ohm}} = 1{,}885\, \dfrac{L^\mathrm{cm}}{\lambda^\mathrm{cm}}$	Zusammenhang zwischen induktivem Widerstand w_L in Ohm, Wellenlänge λ in Zentimetern und Selbstinduktion L in Zentimetern	26
$w_L = 2\,\pi\,\nu\,L_\mathrm{cm} \cdot 10^{-9}$	Zusammenhang zwischen induktivem Widerstand (Induktanz) w_L in Ohm, Selbstinduktion L_cm in Zentimetern und Frequenz ν	45
$w_\mathrm{Ohm} = 150\,\vartheta\, \dfrac{\lambda_\mathrm{cm}}{C_\mathrm{cm}}$	Zusammenhang zwischen Ohmschem Widerstand w in Ohm, Dämpfungsdekrement ϑ, Kapazität C_cm in Zentimetern und Eigenwelle λ_cm in Zentimetern eines Schwingungskreises	27

Formel	Bedeutung des Nomogrammes	Seite
$w_s = 160\,\pi^2 \left(\dfrac{h_w}{\lambda}\right)^2$	Zusammenhang zwischen dem Strahlungswiderstand w_s, in Ohm, der Effektivhöhe h_w einer Antenne in Metern und der Wellenlänge λ in Metern	29
$w_{\mathrm{Ohm}} = \dfrac{4\,\varrho}{\pi\,d^2}$	Zusammenhang zwischen spezifischem Widerstand ϱ, Widerstand w_{Ohm} in Ohm pro Meter und Durchmesser d_{mm} in Millimeter eines Drahtes von kreisförmigem Querschnitt	43 u. 49
$\mathfrak{R}_{\mathrm{Ohm}} = \dfrac{900\,L_{\mathrm{cm}}}{w_{\mathrm{Ohm}} \cdot C_{\mathrm{cm}}}$	Zusammenhang zwischen dem effektiven Widerstand $\mathfrak{R}$ in Ohm eines Schwingungskreises bei Resonanz, der Selbstinduktion L_{cm} in Zentimetern, der Kapazität C_{cm} in Zentimetern und dem Verlustwiderstand w_Ω in Ohm	52
$C_{\mathrm{cm}} = \dfrac{F\,(n-1)}{0,4\,\pi\,a}$	Zusammenhang zwischen der Kapazität C_{cm} in Zentimetern eines Plattenkondensators, der wirksamen Oberfläche F der Platten in Quadratzentimetern, der Anzahl n der Platten und dem in Millimeter gemessenen Plattenabstand a	55
$C = \dfrac{C_1\,C_2}{C_1 + C_2}$	Nomogramm zur Bestimmung der resultierenden Kapazität zweier in Serie geschalteter Kondensatoren C_1 und C_2	71
$L_{\mathrm{cm}} = 10,5\,N^2 \cdot D\,k$	Zusammenhang zwischen der Selbstinduktion L_{cm} in Zentimetern, dem mittleren Durchmesser D in Zentimetern und der Windungszahl N einer Spule gemäß der Korndorferschen Gleichung	57
$k = \sqrt[4]{\dfrac{D}{U}}$	Nomogramm zur Bestimmung des Faktors k in der Korndorferschen Gleichung aus mittlerem Durchmesser D der Spule und Umfang U des Wicklungsquerschnittes	59

Formel	Bedeutung des Nomogrammes	Seite
$L_{\mathrm{cm}} = \dfrac{39{,}48\ r^2\ n^2\ k}{l}$	Nomogramm zur Bestimmung der Selbstinduktion L_{cm} in Zentimetern von Spulen aus deren mittlerem Radius r in Zentimetern, der Wicklungslange l in Zentimetern und der Gesamtwicklungszahl n	60
$L_{\mathrm{cm}} = (\pi\,d\,n)^2\ l\,f$	Nomogramm zur Bestimmung der Selbstinduktion L_{cm} in Zentimetern von zylindrischen Spulen aus dem mittleren Durchmesser d, der Spulenlänge l und der Windungszahl n pro Längeneinheit	77
$L_{\mathrm{cm}} = R\ n^2\ f$	Nomogramm zur Bestimmung der Selbstinduktion L_{cm} in Zentimetern von Flachspulen (Honigwabenspulen) aus dem mittleren Radius R in Zentimetern und der Windungszahl n	62
$L_{\mu\mathrm{H}} = \dfrac{0{,}0251\ d^2\ n^2\ k}{l}$	Nomogramm zur Bestimmung der Selbstinduktion $L_{\mu\mathrm{H}}$ in Mikrohenry von einlagigen Spulen aus dem Durchmesser d in Zoll, der Lange der Wicklung l in Zoll und der Gesamtwindungszahl n	66

Tafel I.
Bergmann, Nomographische Tafeln, 2. Aufl

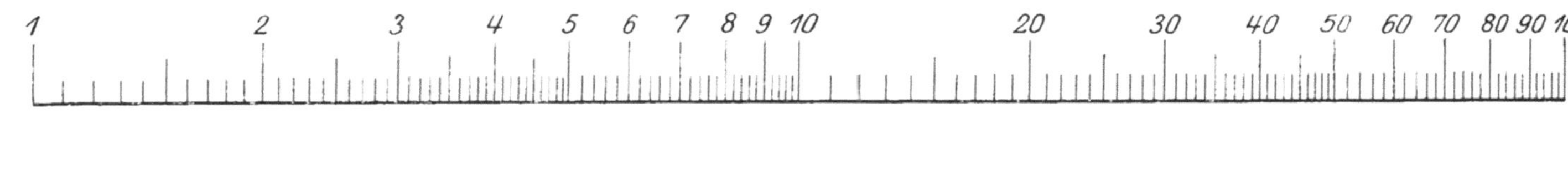

1 2 3 4 5 6 7 8 9 10 20 30 40 50 60 70 80 90 100

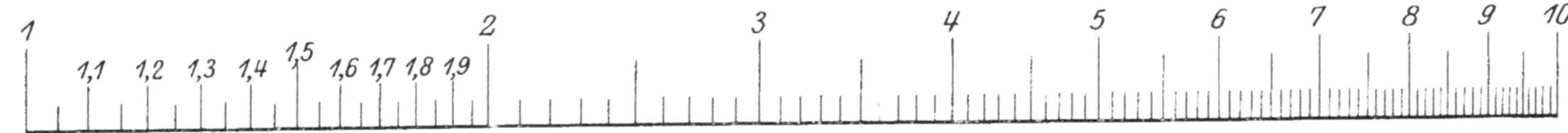

1 1,1 1,2 1,3 1,4 1,5 1,6 1,7 1,8 1,9 2 3 4 5 6 7 8 9 10

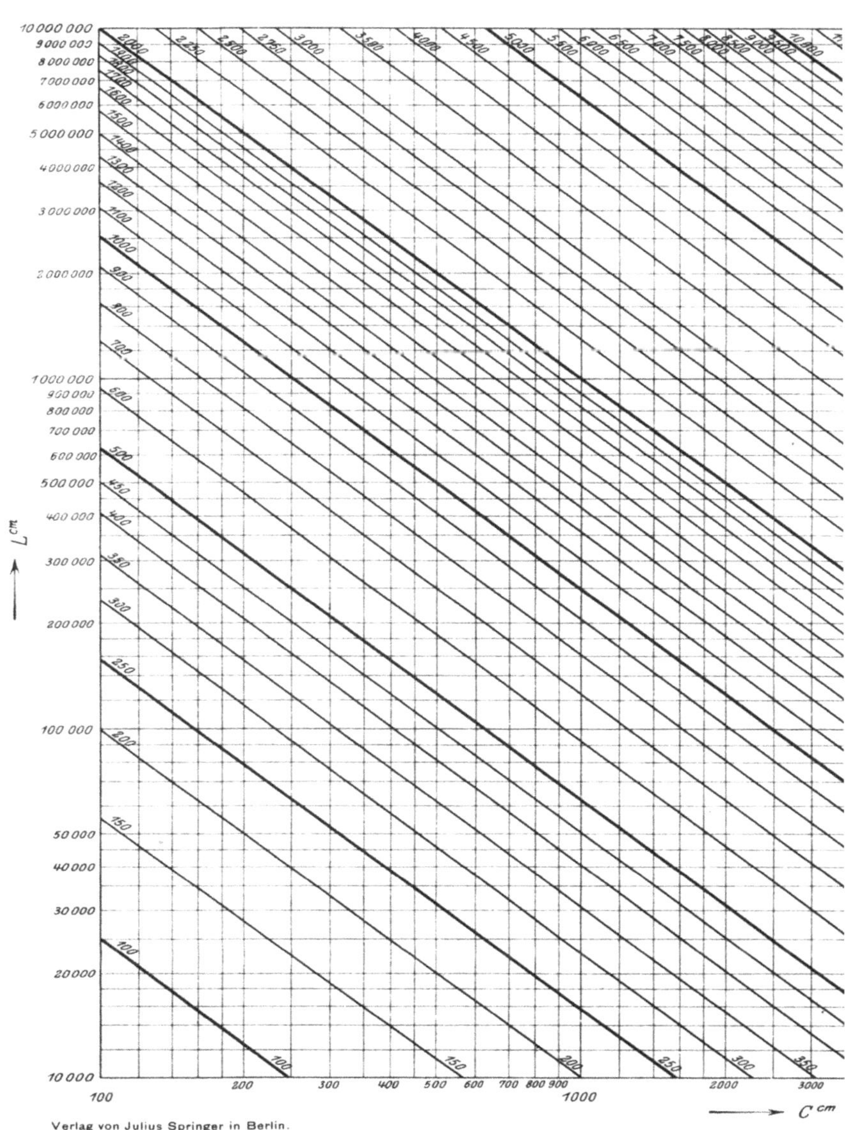

Verlag von Julius Springer in Berlin.

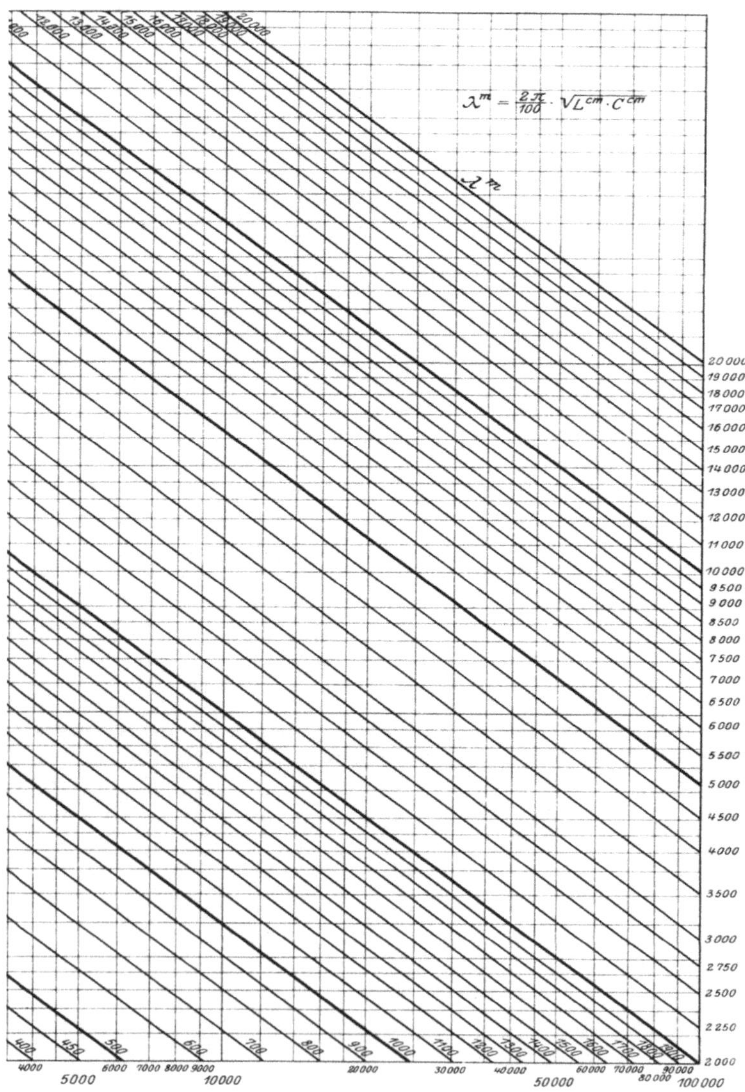

$\lambda^m = \frac{2\pi}{100} \cdot \sqrt{L^{cm} \cdot C^{cm}}$
λ^m

Bibliothek des Radio-Amateurs. Herausgegeben von Dr. **Eugen Nesper.**

1. Band: **Meßtechnik für Radio-Amateure.** Von Dr. **Eugen Nesper.** Dritte Auflage. Mit 48 Textabbildungen. (56 S.) 1925.   0.90 Goldmark
2. Band: **Die physikalischen Grundlagen der Radiotechnik.** Von Dr. **Wilhelm Spreen.** Dritte, verbesserte und vermehrte Auflage. Mit 127 Textabbildungen. (162 S.) 1925   2.70 Goldmark
3. Band: **Schaltungsbuch für Radio-Amateure.** Von **Karl Treyse.** Neudruck der zweiten, vervollständigten Auflage. (19—23. Tausend.) Mit 141 Textabbildungen. (60 S.) 1925.   1 20 Goldmark
4. Band: **Die Röhre und ihre Anwendung.** Von **Hellmuth C. Riepka,** zweiter Vorsitzender des Deutschen Radio-Clubs.   Dritte Auflage.
Erscheint Ende 1925
5. Band: **Praktischer Rahmen-Empfang.** Von Ing. **Max Baumgart.** Zweite, vermehrte und verbesserte Auflage. Mit 51 Textabbildungen. (82 S.) 1925.   1 80 Goldmark
6. Band: **Stromquellen für den Röhrenempfang** (Batterien und Akkumulatoren). Von Dr. **Wilhelm Spreen.** Mit 61 Textabbildungen. (76 S.) 1924.   1.50 Goldmark
7. Band: **Wie baue ich einen einfachen Detektor-Empfänger?** Von Dr. **Eugen Nesper.** Zweite, vermehrte Auflage. Mit 31 Abbildungen im Text und auf einer Tafel. (60 S.) 1925.   1.35 Goldmark
9 Band: **Der Neutrodyne-Empfänger.** Von Dr. **Rosa Horsky.** Mit 57 Textabbildungen. (49 S.) 1925.   1.50 Goldmark
10 Band: **Wie lernt man morsen?** Von Studienrat **Julius Albrecht.** Mit 7 Textabbildungen. Zweite Auflage. (44 S.) 1925. 1.35 Goldmark
11. Band: **Der Niederfrequenz-Verstärker.** Von Ing. **O. Kappelmayer.** Zweite, verbesserte Auflage. Mit 57 Textabbildungen. (112 S.) 1925.   1 80 Goldmark
12. Band: **Formeln und Tabellen aus dem Gebiete der Funktechnik.** Von Dr. **Wilhelm Spreen.** Mit 34 Textabbildungen (80 S.) 1925.   1.65 Goldmark
13. Band: **Wie baue ich einen einfachen Röhrenempfänger?** Von **Karl Treyse.** Mit 28 Textabbildungen. (55 S.) 1925.   1.35 Goldmark
15. Band: **Innen-Antenne und Rahmen-Antenne.** Von Dipl.-Ing. **Friedrich Dietsche.** Mit 25 Textabbildungen. (67 S.) 1925.   1.35 Goldmark
16. Band: **Baumaterialien für Radio-Amateure.** Von **Felix Cremers.** Mit 10 Textabbildungen. (101 S) 1925.   1 80 Goldmark
17. Band: **Reflex-Empfänger.** Von Radio-Ingenieur **Paul Adorján.** Mit 60 Textabbildungen (61 S.) 1925.   2.10 Goldmark
18. Band: **Das Fehlerbuch des Radio-Amateurs.** Von Ingen. **Siegmund Strauß.** Mit 75 Textabbildungen (86 S.) 1925.   2.10 Goldmark
19. Band: **Rufzeichen-Liste für Radio-Amateure.** Von **Erwin Meißner.** (140 S) 1925.   3 Goldmark
20. Band: **Lautsprecher.** Von Dr. **Eugen Nesper.** Mit 159 Textabbildungen. (145 S) 1925. 3.30 Goldmark; gebunden 4 20 Goldmark
21. Band: **Funktechnische Aufgaben und Zahlenbeispiele.** Von Dr.-Ing. **Karl Mühlbrett.** Mit 46 Textabbildungen (97 S.) 1925. 2.10 Goldmark
23. Band: **Kettenleiter und Sperrkreise in Theorie und Praxis.** Von Elektro-Ingenieur **C. Eichelberger.** Mit 120 Textabbildungen und einer Rechentafel. (99 S) 1925   3 Goldmark
28. Band: **Die Methode der graphischen Darstellung und ihre Anwendung in Theorie und Praxis der Radio-Technik.** Von Dipl.-Ing. **Herold.** Mit 74 Textabbildungen. (87 S.) 1925.   2.70 Goldmark

Verlag von Julius Springer in Berlin W 9

Bibliothek des Radio-Amateurs. Herausgegeben von Dr. **Eugen Nesper.**

In den nächsten Wochen werden erscheinen:

Kalender der
Deutschen Funkfreunde
1926

Herausgegeben im Auftrage des

Deutschen Funktechnischen Verbandes E. V., Berlin

von

Dr.-Ing. Karl Mühlbrett
Technische Staatslehranstalten,
Hamburg

Ziviling. Friedr. Schmidt
Generalsekretar des Deutschen
Funk-Kartells, Hamburg

Mit einem Geleitwort von

Herrn Prof. Dr. A. Esau
Physikalisches Institut Jena
Prasident des Deutschen Funktechnischen Verbandes e. V

Zweiter Jahrgang

Gebunden etwa 3 Goldmark

Lehrbuch der Nomographie auf abbildungsgeometrischer Grundlage. Von **H. Schwerdt,** Studienrat am Falk-Realgymnasium in Berlin. Mit 137 Textabbildungen und 151 angewandten Aufgaben mit Losungen. (275 S.) 1924.　　　　　　　　　　Gebunden 12.90 Goldmark

Das Buch gibt nach methodischen Gesichtspunkten zunachst eine elementare Einfuhrung in Theorie und Praxis der Rechentafeln

Der Aufbau der Nomographie wird auf abbildungsgeometrischer Grundlage konsequent durchgefuhrt, die Vorteile dieser Betrachtungsweise bestehen darin, daß die verschiedenen Tafelformen unter einheitlichem Gesichtspunkt erscheinen, und daß allen Entwicklungen, auch wenn sie auf rechnerischem Wege erfolgen, eine besondere Anschaulichkeit innewohnt　Die Verbindung mit Nachbargebieten der angewandten Mathematik durfte auch dem Kenner der Nomographie Anregungen geben

---

Das Entwerfen von graphischen Rechentafeln (Nomographie.) Von Prof. Dr.-Ing. **P. Werkmeister,** Privatdozent an der Technischen Hochschule in Stuttgart. Mit 164 Textabbildungen. (201 S.) 1923.　　　　　　　9 Goldmark; gebunden 10 Goldmark

Das Buch verfolgt praktische Gesichtspunkte und soll dazu beitragen, daß die graphische Rechentafel auch in Deutschland noch mehr Verwendung im praktischen Rechnen findet, es wird deshalb auf eine weitere Behandlung der vielfach auftretenden theoretischen Probleme absichtlich verzichtet. Das Buch wendet sich zunachst an den Ingenieur; es wird aber auch dem Mathematiker und insbesondere dem Lehrer der Mathematik manche Anregung bieten.

Die Herstellung gezeichneter Rechentafeln. Ein Lehrbuch der Nomographie. Von Dr.-Ing. **Otto Lacmann.** Mit 68 Abbildungen im Text und auf 3 Tafeln. (108 S.) 1923.　　　　　　4 Goldmark

.....Nach einer kurzen Einleitung uber die geschichtliche Entwicklung und das Wesen der Nomographie werden zunachst die Funktionsskalen und ihre Herstellung behandelt, dann folgt in drei Abschnitten die Entwicklung fur den Entwurf gezeichneter Rechentafeln fur Gleichungen mit zwei, drei, vier und mehr Veranderlichen. Nach einem kurzen Hinweis auf raumliche Rechenmodelle bildet ein ausfuhrlicher Schriftennachweis den Schluß . ...　　　　　　　　　*„Glasers Annalen".*

Die Grundlagen der Nomographie. Von Ing. **B. M. Konorski.** Mit 72 Abbildungen im Text und eine Einschlagtabelle. (89 S.) 1923.　　　　　　　　　　　　　　　3 Goldmark

In gedrangter Form fuhrt der Verfasser den Leser in die modernen Methoden der Nomographie ein　Als besonderer Vorzug des Werkchens ist zu werten, daß durch einfache Formeln und ubersichtliche Tabellen dem Leser die Moglichkeit geboten wird auch fur die kompliziertesten Beziehungen die entsprechenden Nomogramme leicht zu entwerfen.